喝对汤胜补药

HEDUITANG SHENGBUYAO

孙树侠 编著

时代出版传媒股份有限公司
安徽科学技术出版社

图书在版编目(CIP)数据

喝对汤 胜补药/孙树侠编著. —合肥:安徽科学技术出版社,2015.1
ISBN 978-7-5337-6474-6

Ⅰ.①喝… Ⅱ.①孙… Ⅲ.①食物养生-汤菜-菜谱 Ⅳ.①TS972.122

中国版本图书馆 CIP 数据核字(2014)第 242465 号

喝对汤 胜补药 孙树侠 编著

出 版 人:黄和平 选题策划:王晓宁 责任编辑:杨 洋
责任印制:廖小青 封面设计:古涧文化
出版发行:时代出版传媒股份有限公司 http://www.press-mart.com
安徽科学技术出版社 http://www.ahstp.net
(合肥市政务文化新区翡翠路 1118 号出版传媒广场,邮编:230071)
电话:(0551)63533323
印 制:北京恒石彩印有限公司 电话:(010)60295960
(如发现印装质量问题,影响阅读,请与印刷厂商联系调换)

开本:787×1092 1/16 印张:9 字数:150 千
版次:2015 年 1 月第 1 版 2015 年 1 月第 1 次印刷

ISBN 978-7-5337-6474-6 定价:25.80 元

俗话说："民以食为天"。我们说："食以汤为先。"汤以水为媒，将食材中的营养精华熬制、纳入其中，成为我们滋补身体时的第一选择。

食物和药物一样，都各有其固有性味。我们只有掌握了食物的性味功效，进行最恰当的食材搭配，才能让各种食材的功效养护我们的身体。

此外，不同体质、不同脏腑、不同年龄、不同性别、不同病症等，在饮食搭配上都会各有不同，甚至四时天气、地理因素也都是我们在进行食材搭配时需要考虑的因素。因为只有这样才能保证我们煲出的汤最健康、最养生、最适合自己。

本书针对人们的日常生活，结合了人们的饮食习惯，并借鉴、参考《本草纲目》《中医体质分类判断标准》等资料，由中国营养学泰斗、中国食物营养与安全专业委员会会长孙树侠教授指导编写，为读者提供了随时可以参考的煲汤养生方案。

本书中的汤品烹饪步骤清晰，同时配以精美图片，便于读者学习和操作。相信您即使没有任何煲汤经验，也能按照书中的步骤煲出味道香浓、滋养补身的家常养生汤，让您的身体充满能量、活力四射。

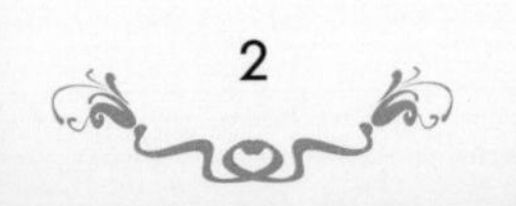

目录
CONTENTS

第1章 一年四季的汤补“密码”

第2章 不同体质的汤补“密码”

第3章 五脏六腑的汤补“密码”

养护心脏

补益脾胃

养护肝脏

润肺益气

温补肾脏

孙教授为您讲解——五脏六腑养生法

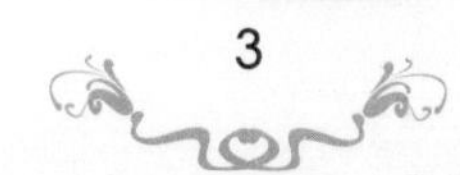

第4章　美丽女人的汤补“密码”

第5章　强壮男人的汤补“密码”

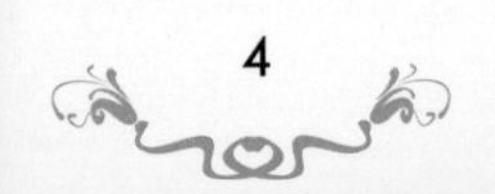

第1章

一年四季的汤补“密码”

人们只有顺时养生，才能健康长寿、四季养生就是按照春、夏、秋、冬四季的温、热、凉、寒的变化来养生，要求人们保养身体与天时时令节气同步。

黑豆牛肉汤

原料

黑豆（泡发）适量，木耳（泡发）适量，牛肉300克，盐适量。

做法

①汤锅烧水，放牛肉块焯至无血水，再将牛肉沥水出锅，冲洗干净备用。

②将所有食材下炖锅，加入适量水，慢炖至4小时左右。在炖制期间要沥去泡沫。

③最后出锅前，加入适量盐即可。

功效

抗衰老、补血、强壮身体。

"芝宝贝"养生厨房

椰香豆奶

☆黑豆50克、红豆50克，洗净，用清水泡2～3小时。

☆加水煮大约30分钟，至软烂，盛出放凉。

☆食用时加入椰汁，调匀即可。

营养功效

1.黑豆含有微量元素铬，能够调节人体血糖代谢，起到降糖的作用。

2.黑豆含有优质蛋白质，能软化和扩张血管，促进血液的流通。

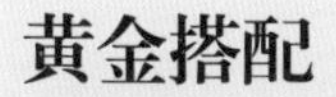

黄金搭配

黑豆+红糖

滋肝补肾、活血行经。

黑豆+柿子

治疗便血、尿血。

搭配禁忌

黑豆+小白菜

黑豆会对小白菜中微量元素铜的释放量产生抑制作用，降低营养。

选购	食法要略	人群
✔ 优质黑豆颗粒均匀、表面光洁、没有虫眼、没有碎粒、没有异味。 ✖ 掉色严重，掰开后里面呈现黑色的是假黑豆。	1.可煮汤、炖食、浸酒，也可做成豆腐。 2.吃时不仅要喝汤，最好连黑豆一起食用，才能更好地吸收黑豆中的营养。	✔ 适宜体虚、水肿、老年肾虚耳聋、妊娠腰痛等人。 ✖ 黑豆炒熟后，热性大，婴幼儿、消化不良的人不宜多吃。

菠菜猪肝汤

原料

菠菜100克，猪肝200克，葱、姜、盐各适量。

做法

1. 猪肝洗净，菠菜洗净，葱、姜切末。
2. 将猪肝切片，泡水20~30分钟。
3. 锅中放油，放入切好的葱、姜末，爆香。
4. 放入少量水，猪肝、菠菜煸炒至菠菜变色后，加盐，调味即可。

功效

生血养血，润燥滑肠。

“芝宝贝”养生厨房

菠菜鸡蛋汤

☆菠菜120克，洗净，用开水略焯后捞出，切小丁。

☆将开水倒入锅内，放入菠菜丁、适量水淀粉。

☆将打好的1个鸡蛋慢慢倒入锅内，加盐，调味即可。

营养功效

1.菠菜含有铬和一种类胰岛素样物质，能保持体内血糖水平平衡。

2.菠菜含有丰富的B族维生素，能预防口角炎、夜盲症等维生素缺乏症的发生。

3.菠菜含有大量维生素E和硒元素，具有抗衰老和促进细胞增殖的作用。

黄金搭配

菠菜+鸡血

养肝护肝。

菠菜+猪血

滋阴润燥，补血养肝。

搭配禁忌

菠菜+豆腐

同食易形成草酸钙，降低营养，对人体不利。

选购	食法要略	人群
✓ 以菜梗红短、叶厚、新鲜饱满、有清香味为佳。 ✗ 叶子变色现象严重，有明显的化学农药味道的菠菜不要购买。	1.食用菠菜时，应先用开水焯一下。这是因为菠菜含有很多草酸，草酸会妨碍人体对钙的吸收，用水焯可去除草酸。 2.食用菠菜时要同时食用碱性食物（如海带），可以促进草酸钙溶解排出体外。	✓ 适宜老年人、贫血患者、便秘患者、糖尿病患者。 ✗ 菠菜性凉，婴幼儿，消化不良、肾结石患者不宜食用。

黄芪排骨汤

原料

黄芪15克，排骨200克，盐适量。

做法

❶黄芪洗净用纱布包好，排骨剁成小块，与黄芪一起放入砂锅中。

❷小火煨1小时，熟时放入少许盐调味即可。

功效

益气固表，利水消肿。

“芝宝贝”养生厨房

黄芪大枣汤

☆黄芪15克、大枣5个，洗净，放入砂锅中，加适量水。

☆盖上锅盖，大火烧开后转小火煮30分钟。

☆每周建议饮用2～3次，可缓解乏力、怕冷等症状。

营养功效

1.补中益气：对脾胃虚弱、食欲不振、气虚下陷有改善作用。

2.固表敛汗：多用于体虚表弱导致的自汗。

3.利水消肿：用于阳气不足所致的水肿。

4.托疮排脓：用于疮疡溃破后，久不收口，有生肌收口的作用。

黄金搭配

黄芪+鸡肉

补肝肾、益气血。

黄芪+党参

补气。

搭配禁忌

黄芪+萝卜

黄芪补气，萝卜行气，二者同食可降低药效。

选购	食法要略	人群
以条粗长、纹少、质坚、粉性足、味甜者为好。 质地坚硬、细条、味道苦涩、酸涩的不宜购买。	黄芪食用方法很多，如每天取30克黄芪，水煎后代茶饮；也可以与鸡、鸭等肉搭配做成菜肴食用，均有很强的补气作用。	适宜体质虚弱、脾胃虚弱的人。 黄芪性热，热毒亢盛者、阴虚阳亢者、食积便溏者，孕妇不宜食用。

猪肺荸荠汤

原料

猪肺100克，荸荠50克，葱、姜、绍酒、盐各适量。

做法

❶荸荠洗净，去皮，切块。猪肺洗净，切块；姜切片；葱切花。

❷猪肺放入碗内，放入绍酒、葱花、姜片、盐，拌匀，腌制30分钟。

❸猪肺、荸荠放入炖锅内，加水，大火炖沸，用小火炖煮30分钟即可。

功效

滋阴补肺，清热除烦。

“芝宝贝”养生厨房

白萝卜猪肺汤

☆猪肺500克，洗净、切块，用盐擦洗2遍，加入开水焯出泡沫。捞起再入锅，用中小火炒干备用。

☆白萝卜600克，去皮、切滚刀块，热锅放油微炒盛出。

☆蜜枣3个，拍扁去核，同猪肺、白萝卜、生姜5片一起放入砂煲加入适量水，大火炖沸，后转小火再煲2小时即可。

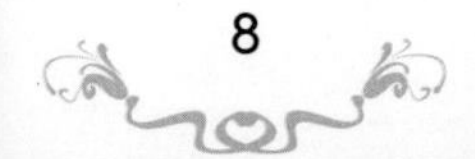

营养功效

猪肺味甘，性平，归肺经；有补虚、止咳、止血的功效。可用于治疗肺虚咳嗽、久咳咯血等证。

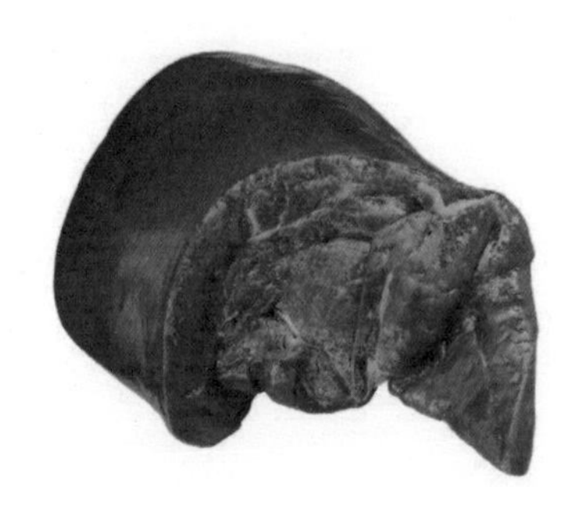

黄金搭配

猪肺+梨

清热润肺、助消化。

猪肺+杏

清热润肺。

搭配禁忌

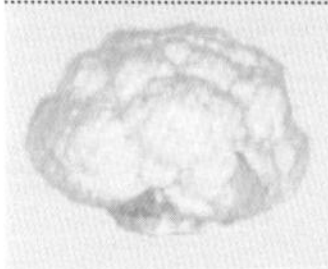

猪肺+花菜

花菜中含有大量纤维素，当中的醛糖酸残基可与猪肺中的微量元素形成螯合物，降低人体对这些元素的吸收。

选购	食法要略	人群
✔ 优质的猪肺表面色泽粉红、光泽、均匀，富有弹性。 ✖ 发现猪肺呈褐绿或灰白色，或有异味，则不能食用。	1.猪肺为猪的内脏，清洗干净且选择新鲜的肺来煮食。 2.猪肺适宜炒、蒸、煮。	✔ 适宜肺虚久咳，肺结核、肺痿之咯血患者食用。 ✖ 猪肺有滋补、止血的功效，便秘、痔疮者不宜多食。

洋葱番茄汤

原料

洋葱100克，番茄150克，盐、芝麻油、胡椒粉、鸡精各适量。

做法

❶洋葱、番茄切块，一起放入锅中加水熬煮10分钟。

❷放芝麻油、盐、胡椒粉、鸡精各适量调味即可。

功效

健脑益智，生津止渴。

"芝宝贝"养生厨房

洋葱泡红酒

☆准备一瓶红酒，3个洋葱。

☆剥去洋葱皮，切小块，放入干净、干燥的酒瓶里，倒入红酒。

☆放在阴凉处密封保存7天。

☆将红酒中的洋葱过滤掉，即可饮用。

营养功效

1.洋葱含有一种硫化丙烯的油脂性挥发物，可发散风寒。

2.洋葱含有前列腺素A，能扩张血管，降低血液黏度，从而降低血压。

3.洋葱气味辛辣，能刺激胃肠的消化腺分泌，可增进食欲，促进消化。

4.洋葱中含有植物杀菌素，有很强的杀菌能力。

黄金搭配

洋葱+醋

治疗咽喉肿痛。

洋葱+红酒

降压、降糖、护心。

搭配禁忌

洋葱+海带

容易形成结石，多食易致便秘。

选购	食法要略	人群
优质洋葱表皮越干越好，包卷度越紧密越好。 如果发现洋葱表面有灰颜色的印痕，说明洋葱可能泡过水，内部已腐烂，建议千万不要购买。	1.不可过量食用洋葱，否则会产生胀气。 2.洋葱不宜长时间烹调，因为长时间烹调会让降血糖的物质——磺脲丁酸挥发掉。	一般人均可食用。高血压、脑栓塞、肠道疾病患者最适宜。 洋葱为发物，皮肤瘙痒性疾病患者、眼疾充血患者不宜食用。

绿豆藕汤

原料

绿豆60克，藕100克，冰糖适量。

做法

❶藕去皮、切片。

❷把藕、绿豆放入砂锅中，加适量水熬煮至熟，加入冰糖即可。

功效

清热解毒凉血，利水消肿。

“芝宝贝”养生厨房

绿豆冰糖

☆绿豆400克，洗净，用水将绿豆泡发至2倍大。

☆锅中加水，将泡发的绿豆倒入锅中，放入冰糖100克，大火熬煮10分钟转小火熬煮，直至绿豆煮烂开花为好。

☆将煮好的绿豆汤放入冰箱冷藏即可。

营养功效

1.绿豆中含有的低聚糖不容易被消化吸收，所提供的热量值比其他谷物低，所以可起到降糖、降脂、降压的作用。

2.绿豆中富含B族维生素和钾、镁、铁等微量元素。

黄金搭配

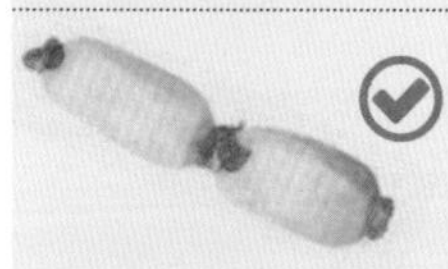

绿豆+莲藕

清热解毒，利水消肿。

绿豆+胡椒

辅助治疗胃寒、肠鸣。

搭配禁忌

绿豆+鱼

同食会破坏绿豆中的维生素B_1，降低营养。

选购	食法要略	人群
✓ 优质的绿豆颗粒饱满，颜色鲜艳。 ✗ 如果是颜色灰暗、豆粒干瘪的绿豆，放置时间较长，不要购买。	1.绿豆吃法很多，熬粥、做馅料、做糕点。 2.绿豆浑身是宝，绿豆皮、绿豆荚、绿豆芽、绿豆花等，既可食用又可入药。	✓ 高血压病、高脂血症患者，以及体质偏热者宜多食。 ✗ 绿豆性寒，肠胃虚弱者、身体虚寒者不宜多食。

猕猴桃银耳羹

原料

猕猴桃200克，银耳（水发）20克。

做法

❶将猕猴桃去皮、切片。

❷银耳洗净、水发，入锅，加适量水熬煮片刻。

❸加入猕猴桃、小火煮至黏稠即可。

功效

减少体内脂肪的堆积，预防脂肪肝。

“芝宝贝”养生厨房

猕猴桃汁

☆将猕猴桃1个，洗净、去皮。

☆榨汁，搅拌均匀，即可饮用。

☆猕猴桃汁最好和其他的水果，如橙子共同榨汁，这样更能增加营养。

营养功效

1.猕猴桃中富含维生素C。

2.猕猴桃中含有天然肌醇，有助于脑部活动，帮助人改善郁闷情绪。

3.猕猴桃中含有膳食纤维，能降低胆固醇。

黄金搭配

猕猴桃+生姜

清理胃肠。

猕猴桃+松子

促进人体对铁的吸收。

搭配禁忌

猕猴桃+牛奶

猕猴桃中维生素C易与牛奶中蛋白质凝结成块，引起腹胀、腹痛。

选购	食法要略	人群
优质的猕猴桃个头较大，外形匀称，没有损伤，而且肉质比较坚实。 如果猕猴桃摸起来太硬或者太软都不建议购买。	1.猕猴桃成熟后可剥去外皮吃，也可做成果酱、果脯，还可酿制成酒。 2.食用奶制品后不宜马上吃猕猴桃，以免出现腹胀、腹痛、腹泻等。	适宜癌症、心血管疾病、冠心病患者。 猕猴桃性寒，腹泻者、痛经者，以及风寒感冒患者不宜食用。

黄连山药饮

原料

黄连3克，山药30克。

做法

❶黄连切片，装入纱布袋扎好。

❷山药洗净，除去根须，连皮切成厚片。

❸砂锅中加水适量，放入黄连药袋和山药片，大火煮开。

❹小火煨煮30分钟，取出药袋即可饮用。

功效

补虚益脾，燥湿泻火。

"芝宝贝"养生厨房

黄连姜汁茶

☆将黄连6克、绿茶10克用开水冲泡。

☆盖闷5分钟后放入姜汁3克。

☆每天饮用2次，具有清热、和胃、止泻的功效，更是腹泻痢疾调理的药膳良方之一。

营养功效

黄连具有清热燥湿、泻火解毒等功效，适用于肝火上炎、目赤肿痛、胃热呕吐、心火亢盛等病证。

黄金搭配

黄连+肉桂

上泻心火，下温肾水。

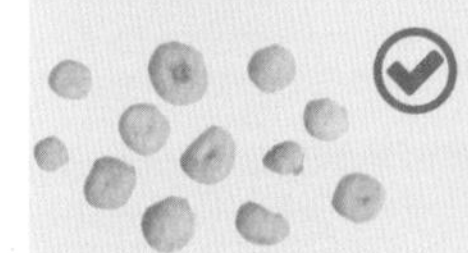

黄连+半夏

健脾利胃，和胃止泻。

搭配禁忌

黄连+猪肉

黄连苦寒，猪肉多脂，二者同食酸寒滑腻，易致腹泻。

选购	食法要略	人群
要挑选质地坚硬，断面不齐，皮部呈现橙红色或暗棕色，木部呈现鲜黄色或浅黄色的黄连。 如果发现黄连质地发软，皮部和木部的颜色发黑，则不要购买。	1.黄连味极苦，可与其他药物配伍服用。 2.服用黄连需谨遵医嘱。	适宜湿热内蕴、肠胃湿热之呕吐、泻痢患者食用。 黄连性寒、燥湿，胃虚呕恶、脾虚泄泻、五更肾泻者慎食。

莲枣鸡蛋汤

原料

莲子15克，大枣15克，鸡蛋1个。

做法

❶将鸡蛋磕入碗中，打散。

❷莲子用冷水泡胀，去芯，蒸熟。

❸将莲子、大枣一起放入锅中加水炖煮。

❹鸡蛋缓缓倒入，待浮起蛋花即可。

功效

养心安神、润燥熄风，对心烦失眠、燥咳之声哑均有一定辅助疗效。

“芝宝贝”养生厨房

莲子汤

☆准备30～40颗莲子，适量桂花、枸杞子、冰糖。

☆莲子洗净，浸泡约1.5小时后放入锅内，加水，大火煮开，再转小火焖煮约30分钟。

☆加入冰糖至融化后关火，撒上枸杞子，放入冰箱冷藏，食用之前撒上桂花即可。

营养功效

1.莲子中所含氧化黄心树宁碱，对鼻咽癌有抑制作用。

2.莲子心所含生物碱具有显著的强心作用。

3.莲子中所含的棉籽糖、钙、磷、铁等多种矿物质，对于久病、产后和老年体虚者有很好的滋补作用。

黄金搭配

莲子+山药

对气血两虚和身体瘦弱者有补益功效。

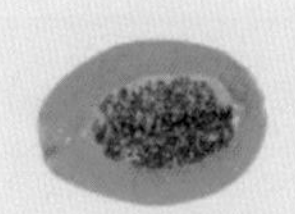

莲子+木瓜

对产后失眠、多梦有辅助治疗作用。

搭配禁忌

莲子+猪肚

二者同食，很容易中毒。

选购	食法要略	人群
优质的莲子去皮后外表会有一点皱皮或者未处理干净的红皮，散发淡淡的清香味。 不要挑选看起来又白又干净的莲子，这种莲子很有可能使用了化学漂白剂，不能食用。	莲子一般做汤羹食用，也可做成甜点、蜜饯。	一般人群均可食用，更适宜体质虚弱、心慌、失眠多梦、遗精者食用。 莲子温而性涩，便秘、腹胀满者忌食。

海蜇荸荠汤

原料

海蜇100克，荸荠100克。

做法

❶荸荠去皮、切片。

❷海蜇洗净去毒与荸荠一起加入锅内，加水炖煮10分钟即可。

功效

降糖，降压，清心降火，益肺凉肝。

“芝宝贝”养生厨房

海蜇猪骨汤

☆准备海蜇100克，料酒、大葱、盐、味精、淀粉各适量。

☆海蜇洗净去毒，撕成小块，放入料酒、盐、淀粉搅拌后备用。

☆骨头汤煮开，放入海蜇，味精调味并撒上大葱，大火煮开后起锅即可。

营养功效

1.海蜇含有人体需要的多种营养成分，特别是饮食中所缺的碘。

2.海蜇含有类似于乙酰胆碱的物质，能扩张血管、降低血压。

3.海蜇含有甘露多糖胶质，对抑制动脉粥样硬化有一定效果。

黄金搭配

海蜇+木耳

美肤嫩白。

海蜇+猪肉

滋阴润燥。

搭配禁忌

海蜇+柠檬

柠檬中的果酸会使海蜇中蛋白质凝固，导致胃肠不适。

选购

新鲜海蜇潮湿、柔嫩，无结晶状盐粒或矾质，色泽较为鲜艳发亮。

挑选海蜇时，注意不要选风干的。海蜇风干后再用水泡无法恢复原状，而且发韧变老，影响口感。

食法要略

1.海蜇适宜凉拌食用。食用时适当放些醋，味道更好。

2.新鲜海蜇有毒，必须用盐、明矾腌渍3次方可食用。

人群

适宜中老年急慢性支气管炎、哮喘、高血压病、便秘患者食用。

海蜇性寒，脾胃虚寒者慎食。

三鲜汤

原料

豆腐200克，平菇200克，白菜心100克，鸡汤800毫升，煮好的海带，芝麻油、鸡精、盐各适量。

做法

❶平菇洗净、掰成小块，豆腐切成小块，白菜心洗净，海带切成丝，备用。

❷鸡汤烧开，放入切好的平菇、豆腐、白菜心、海带，稍煮片刻加入芝麻油、鸡精、盐调味即可。

功效

降糖、降脂，促消化。

"芝宝贝"养生厨房

豆腐汤

☆豆腐100克，切块；葱适量洗净，切段。

☆锅内入油，油热后，放入适量水煮沸。

☆放入豆腐，水开后加适量盐调味。

☆出锅前放入葱花即可。

营养功效

1.豆腐所含的植物雌激素能保护血管内皮细胞，使其不被氧化破坏。

2.豆腐所含大量的大豆卵磷脂，有益于神经、血管、大脑的发育生长。

3.豆腐所含的大豆蛋白能显著降低血浆胆固醇、甘油三酯和低密度蛋白，可保护血管，预防心血管疾病。

黄金搭配

豆腐+木耳

提高机体免疫力。

豆腐+海带

预防动脉硬化。

搭配禁忌

豆腐+菠菜

菠菜中大量草酸会与豆腐中钙元素形成草酸钙，容易诱发结石。

选购	食法要略	人群
✔ 优质的豆腐口感细腻嫩滑、味道纯正，颜色略微带黄。 ✖ 质量不好的豆腐口感粗糙、滋味平淡；而劣质豆腐有酸味、苦味、涩味。	1.豆腐食法有很多种，炖、炒、油炸，制成豆腐干、豆腐皮、臭豆腐均可。 2.豆腐宜与肉、蛋搭配，可提高人体对蛋白质的利用。	✔ 适宜老年人、孕产妇、儿童、脑力劳动者、经常熬夜者食用。 ✖ 豆腐性凉，含嘌呤较多，痛风、肾病、消化性溃疡患者不宜食用。

甲鱼豆枣汤

原料

甲鱼60克，干扁豆60克，蜜枣6颗，盐、姜片、葱段各适量。

做法

❶将甲鱼斩块，焯水。

❷取一个炖盅，放入甲鱼、干扁豆、蜜枣、姜片、葱段、盐，加入适量水，加盖炖约3小时即可。

功效

提高机体免疫力，促进血液循环。

“芝宝贝”养生厨房

甲鱼大枣养颜汤

☆大葱20克，切段；姜10克，切片；大枣3颗，洗净。

☆甲鱼1只，斩块、洗净，放入砂锅中加水大火烧开。

☆开锅后撇去浮沫，放葱段、姜片、大枣和白酒适量。

☆用小火煲约1.5小时，放盐调味即可。

营养功效

1.甲鱼富含优质蛋白质，能够增强免疫力，有抗疲劳的作用。

2.甲鱼富含龟板胶，是大分子胶原蛋白，含有皮肤所需的各种氨基酸，因而有养颜护肤的作用。

3.甲鱼富含不饱和脂肪酸，对高血压病、冠心病、老年性痴呆等症有很好的预防和治疗作用。

黄金搭配

甲鱼+桂圆

益心肺、明目、护肤。

甲鱼+西洋参

补气养阴、清热。

搭配禁忌

甲鱼+苋菜

不易消化，易引起肠胃积滞。

选购	食法要略	人群
挑选肚皮没有花纹、指甲锋利的甲鱼。 肚皮有花纹的可能是人工激素喂养的当年甲鱼，指甲秃的甲鱼也是人工喂养的；不建议购买。	吃甲鱼要活宰放血，不能吃已死的甲鱼，否则易中毒。	适宜身体虚弱者，癌症、贫血、高血压病、冠心病患者。 甲鱼性寒，孕妇、产后泄泻者、消化不良者、失眠者、脾胃阳虚者等忌食。

平菇豆腐排骨汤

原料

平菇40克，豆腐100克，盐、排骨汤、葱丝各适量。

做法

❶将豆腐切块、平菇撕成条状，备用。

❷放入排骨汤中熬煮10分钟，放入葱丝、盐即可。

功效

健骨、补脑，改善人体新陈代谢、调节神经功能。

“芝宝贝”养生厨房

平菇萝卜汤

☆萝卜250克，去皮、洗净、切粗丝；平菇150克，去杂质、洗净。

☆锅热油，放适量姜丝、萝卜丝煸炒。

☆煸炒至萝卜丝发蔫时，加入适量水煮开。

☆放入平菇，煮5～10分钟，加入适量盐、鸡精调味即可。

营养功效

1.平菇含有平菇素和酸性多糖体，具有防癌作用。

2.平菇含有赖氨酸，对促进记忆、增进智力有独特作用。

3.平菇含有多种维生素和矿物质，能增强体质，改善新陈代谢。

黄金搭配

平菇+草菇

对防御和抵抗癌症有一定作用。

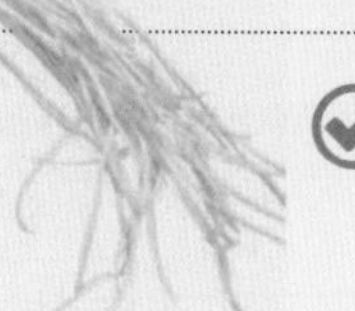

平菇+韭黄

对肥胖有辅助治疗的作用。

搭配禁忌

一般没有特别的搭配禁忌。

选购	食法要略	人群
优质的平菇没有太多的水分，而且形状完整，闻起来没有发酸的味道，背面褶皱明显。 不要购买特别沉的平菇，可能是被注水过。	1.平菇可以炒、烩、烧。 2.平菇炒时，鲜品出水较多，易被炒老，需控制好火候。	适宜体弱者、更年期妇女、肝炎、消化系统疾病、心血管疾病等患者。 平菇性温，有散寒作用，消化系统疾病、泌尿系统疾病、传染性疾病，以及皮肤瘙痒症状者均不宜食用。

孙教授为您讲解

四季养生原则

顺时养生而健康长寿。本章中所说的四季养生就是要求人们按照春、夏、秋、冬四季，温、热、凉、寒四性的变化来养生，告诉人们保养身体顺应时令节气的变化。

季节	养生要点
春季	养生应遵循养阳、防风的原则。春季，万物升发，人体阳气顺应自然，向上向外疏发，因此要注意保卫人体体内阳气。凡有损阳气的情况都应避免。
夏季	阳气最盛的夏季，气候炎热而生机旺盛。此时阳气外发，伏阴在内，气血运行也相应的旺盛起来。夏季养生重在精神调摄，保持愉快而稳定的情绪，切忌大悲大喜，以免以热助热，“火上加油”。
秋季	暑夏的高温已降低，人们烦躁的情绪也随之平静，此时宜注意养阴，且夏季过多的耗损也应在此时及时补充，所以秋季要特别重视养生保健。
冬季	冬季闭藏，万物休整，精神深藏于内。此时人们应遵循冬藏的养生之道，做到多储蓄、少透支就能达到养生的目的。

第2章

不同体质的汤补“密码”

祖国医学认为，根据临床上的症候表现、脉象、舌苔，可以将人体分为以下九种体质：平和体质、阴虚体质、阳虚体质、气虚体质、湿热体质、血瘀体质、痰湿体质、气郁体质、特禀体质。

鲫鱼豆腐汤

原料

鲫鱼150克，豆腐100克，植物油、盐、葱段、姜片、蒜片、生抽、料酒各适量。

做法

1. 将鲫鱼收拾干净，用植物油煎香。
2. 加入姜片、蒜片、葱段，烹入料酒、生抽，加水烧开。
3. 放入豆腐、盐，用小火炖煮至熟即可。

功效

益气健脾，利水消肿，和胃助消化。

“芝宝贝”养生厨房

鲫鱼汤

☆鲫鱼1条，洗净、裹面粉、放油锅炸，炸好的鲫鱼控油，备用。

☆锅内加水，将炸好的鱼放入，再放入葱段1节、姜片3片、枸杞子少许，大火烧开后转小火煮至汤汁浓稠、呈奶白色。

☆出锅前放盐、胡椒粉调味，并撒上胡萝卜丝、香菜点缀即可。

营养功效

1.鲫鱼含有丰富的蛋白质，可增强人体抗病能力，还有催乳下奶的作用。

2.鲫鱼含有卵磷脂，可增强大脑营养，增强记忆。

3.鲫鱼含有氨基酸，能降低血液黏稠度，促进血液循环。

黄金搭配

鲫鱼+木耳

温中补虚，利尿。

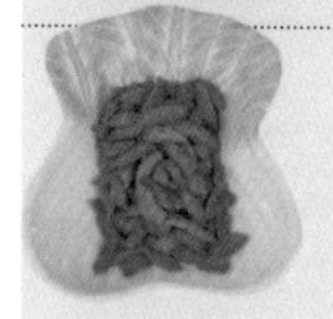

鲫鱼+枸杞子

防治动脉硬化。

搭配禁忌

鲫鱼+猪肝

猪肝中铜元素会与鲫鱼中的维生素C结合，对人体造成伤害。

选购	食法要略	人群
优质的鲫鱼好动、反应敏捷，体表会有一层透明的黏液。 如果发现鲫鱼身体有伤痕，活动不够灵敏，则建议不要购买。	1.鲫鱼可煎炸、炖煮、熬汤，但以清蒸或煮汤营养效果最佳。 2.冬令时节的鲫鱼最佳。 3.痛风患者吃鲫鱼应用凉水炖煮鲫鱼，切忌不要喝汤，因为鱼汤中含有嘌呤等物质。	适宜产后缺乳之产妇、脾胃虚弱者、痔疮患者、慢性久痢患者，水肿患者。 鲫鱼属于发物，感冒、发热患者不要食用。

柚子黄芪汤

原料

柚子4瓣，黄芪15克，冰糖适量。

做法

❶将柚子肉、黄芪放入砂锅中，加水炖煮40分钟。

❷拣出黄芪，加入冰糖稍煮即可。

功效

补脾益气，利水消肿，化痰理气，止咳止痛。

“芝宝贝”养生厨房

柚子蜜

☆柚子1个削皮，皮切成丝。

☆切好的柚子皮用盐水焯一下，去掉苦味。

☆柚子果肉剥成小块，果肉和果皮放在锅里，加冰糖200克，小火熬煮1小时。

☆柚子酱黏稠时关火，冷却后加入蜂蜜250克拌匀即可。

营养功效

1.柚子含有丰富的维生素C及类胰岛素，有降血糖、降血脂的功效。

2.柚子含有维生素P，具有美肤功能。

3.柚子含有柚皮苷，对脑血栓、脑卒中有较好的预防作用。

黄金搭配

柚子+鸡肉

消食下气，益气健脾，化痰止咳。

柚子+饴糖

可缓解咳嗽气喘、痰多胸闷。

搭配禁忌

柚子+黄瓜

黄瓜中的维生素C分解酶会破坏柚子中的维生素C。

选购	食法要略	人群
好的柚子表皮细腻光滑，皮薄，手感较重，而且柚子呈上尖下宽状。 如果柚子的表皮比较粗糙、颜色太黄，建议不要购买。	1.柚子直接食用或榨汁。 2.刚采摘的柚子味道不好，建议在室内放置半个月，等柚子水分逐渐蒸发，味道变甜再食用。	适宜慢性支气管炎、咳嗽、肾病等患者。 柚子性寒，脾胃虚弱、身体虚寒者忌食。

大枣当归羊心汤

原料

大枣10颗，当归15克，羊心150克。

做法

❶将羊心用水煮熟、切片。

❷取一砂锅，放入当归、大枣、水炖煮约1小时，出锅前放入切好的羊心即可。

功效

补心解忧，理气疏郁，止痛。

“芝宝贝”养生厨房

红枣酱

☆红枣650克洗净，挑出枣核，放水中浸泡30分钟。

☆将浸泡的红枣和水一起倒入搅拌机，成浆状。

☆把浆汁倒入锅中，大火烧开后改小火慢熬煮。

☆浆汁浓稠时，加入麦芽糖50克、柠檬汁适量拌匀，关火，冷却后装入玻璃瓶即可。

营养功效

1.大枣富含的环磷酸腺苷，能增强肌力，消除疲劳。

2.大枣富含的三萜类化合物有较强的防癌、抗过敏作用。

3.大枣富含多种维生素和矿物质，有利于提高人体免疫力。

黄金搭配

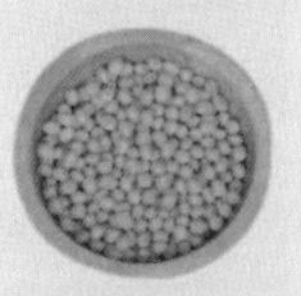

大枣+黄豆

补益身体。

大枣+栗子

安中养脾。

搭配禁忌

大枣+黄瓜

黄瓜中含有某种维生素分解酶，破坏大枣中的维生素，降低营养成分。

食法要略	选购	人群
✔ 优质大枣皮色紫红，果大且大小均匀，核小，肉厚。 ✖ 发现大枣蒂端有穿孔或者有咖啡色粉末，说明被虫蛀了，不要购买。	1.大枣直接吃、做馅、做糕点、熬粥、炖汤都可以，还能做蜜饯、枣糕、枣奶等。 2.生吃大枣时最好吐皮，因为大枣皮容易粘在肠道中不易被排出；如果炖汤或熬粥，最好连皮一块吃。	✔ 适宜贫血、高血压病患者，气虚者。 ✖ 大枣性温，有助火功效，小儿疳病、痰热患者忌食。

木瓜菌菇汤

原料

木瓜半个，猴头菇（泡发）、香菇各30克，陈皮、盐、生抽适量。

做法

❶将木瓜削皮、切块，与猴头菇、香菇一起放入砂锅中，加水适量，大火烧开。

❷放入陈皮、盐、生抽，再改用小火煲约2小时即可。

功效

清热解渴，养血补气，助消化，利五脏。

“芝宝贝”养生厨房

木瓜牛奶

☆准备牛奶200毫升、木瓜150克、红枣2颗、龙眼干10克。

☆锅内加入水，放入龙眼干、红枣。

☆木瓜削皮切块，放入锅内，至水沸后加入少量红糖。

☆木瓜软烂时加适量牛奶入锅，再次开锅至煮沸后即可。

营养功效

1.木瓜富含维生素C和氨基酸，能够清除体内自由基，促进肝细胞再生。

2.木瓜富含齐墩果酸，具有护肝降酶、降低血脂等功效。

3.木瓜富含木瓜蛋白酶，有健脾消食功效。

4.木瓜富含番木瓜碱和凝乳酶，有抗菌、通乳功效。

黄金搭配

✔ 木瓜+莲子

养心安神，健脾止泻。

✔ 木瓜+猪肉

健脾胃，帮助消化。

搭配禁忌

✖ 木瓜+胡萝卜

胡萝卜中含有维生素C分解酶，会破坏木瓜中的维生素C。

选购	食法要略	人群
✔ 优质的木瓜个体稍大，颜色微黄，摸起来微软。 ✖ 如果发现木瓜颜色过青，或者摸起来过硬，则不建议购买。	1.食用的熟木瓜可以生吃，也可与蔬菜、肉类搭配食用。 2.吃完木瓜后最好4小时内不要见阳光，以免出现色素沉淀。因为木瓜中有胡萝卜素，这种物质见光即分解为黑色素。	✔ 适宜慢性萎缩性胃炎患者，奶水不足之产妇、风湿筋骨痛、跌打扭挫伤患者，消化不良者，肥胖者。 ✖ 木瓜苷会增加子宫收缩，孕妇不宜食用。

土豆猪蹄汤

原料

土豆、猪蹄各150克，枸杞子、何首乌、盐、料酒、胡椒粉、姜各适量。

做法

❶猪蹄剁成块，放水中汆烫以去除血渍，土豆去皮切块。

❷将枸杞子、何首乌放入炖盅，加入姜、盐、料酒、适量水，炖3小时即可。

功效

补肝益肾、补气养血。

"芝宝贝"养生厨房

土豆白菜汤

☆土豆1个，削皮切条、洗净；白菜半棵，手撕成片；大葱适量切丝。

☆起油锅，放入葱丝小火煸炒至微黄，捡出葱干，放入土豆条中火煸炒至变色。

☆加适量热水，大火烧开，转小火炖至汤浓，放入白菜叶。

☆炖煮至白菜、土豆软烂；放入适量盐和味精即可。

营养功效

1.土豆富含多种维生素和钾元素，具有明显降压作用。

2.土豆富含大量优质纤维素，促进肠道蠕动，预防便秘。

3.土豆富含少量龙葵素，对胃痛有一定治疗作用。

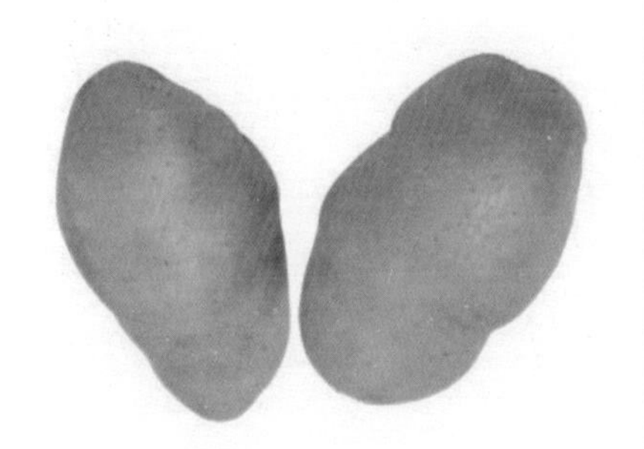

黄金搭配

土豆+牛肉

健脾益胃。

土豆+豆角

消除腹胀，止泻。

搭配禁忌

土豆+番茄

同食会在胃部形成不溶于水的沉淀物而致消化不良。

选购	食法要略	人群
优质的土豆个头中等偏大，体形均匀，质地坚硬，表皮光滑，没有损伤。 如果发现土豆表皮出现部分发青的情况，表明土豆未完全成熟，建议不要购买。	1.土豆有很多种吃法，如蒸、煮、炸、炒，做凉粉、粉皮、粉条等。 2.吃土豆时应削去皮，有芽眼的地方应挖去，以免大量食用龙葵素而中毒。	适宜消化不良、肥胖、便秘者。 土豆含淀粉量过大，食用后易出现饱腹感，腹痛、腹胀者不宜多食。

白黑耳汤

原料

银耳15克，木耳15克。

做法

❶将银耳、木耳泡发，洗净备用。

❷将泡发好的银耳和木耳放入炖盅内，隔水炖煮1小时即可。

功效

滋补肝肾，适用于糖尿病性高血压病者，对动脉硬化及眼底出血者也有辅助疗效。

“芝宝贝”养生厨房

山药银耳羹

☆山药250克，洗净、去皮、切丁；银耳1朵，泡发、摘成小朵；莲子50克，泡软、去莲心。

☆锅内放水，放入山药丁、银耳、莲子、冰糖、枸杞子。

☆开锅后用小火煮开30分钟即可。

营养功效

1.银耳含有丰富的膳食纤维，且热量低，可帮助胃肠蠕动，延缓体内血糖水平上升，减少脂肪吸收。

2.银耳能增强人体免疫力，以及增强肿瘤患者对放、化疗的耐受力，具有补脾开胃、益气清肠、滋阴润肺等功效。

黄金搭配

银耳+木耳

补肾、润肺、生津。

银耳+菊花

安神、益气、解毒。

搭配禁忌

一般没有特别的搭配禁忌。

选购	食法要略	人群
✔ 优质银耳颜色白净、朵大肉厚、基底部小。 ✖ 过于白净的银耳不要购买，以防被硫黄熏过。	银耳宜用冷水泡发，泡发后应去掉未发开的部分，特别是呈蛋黄色的部分。	✔ 适宜慢性支气管炎、肺源性心脏病、阴虚火旺者。 ✖ 银耳性温而腻，且含有腺嘌呤苷，外感风寒者、糖尿病患者慎食。

鸭肉海带汤

原料

鸭肉100克，海带丝（水发）100克，盐、胡椒粉、姜片各适量。

做法

1. 鸭肉洗净、斩块、焯水。
2. 锅内加水，放入鸭块、海带丝、胡椒粉、姜片、盐，大火煮开。
3. 改小火将鸭肉炖煮至熟。

功效

益气养胃，行滞散结。

"芝宝贝"养生厨房

白果鸭汤

☆白果20克，水泡去皮；鸭肉500克，洗净、切块。

☆将鸭肉入开水锅焯血水，捞出。

☆将鸭肉放入锅中，放入姜片小火煸炒出香味，加适量热水，大火烧开后撇去油脂、泡沫。

☆放入白果、陈皮各2个，转小火慢炖2小时至鸭肉酥烂，放盐调味即可。

营养功效

1.鸭肉中含有丰富的蛋白质、脂肪和维生素，能增强人体抵抗力，有抗衰老作用。

2.鸭肉中含有铁、铜、锌等微量元素，能补充人体所需的营养。

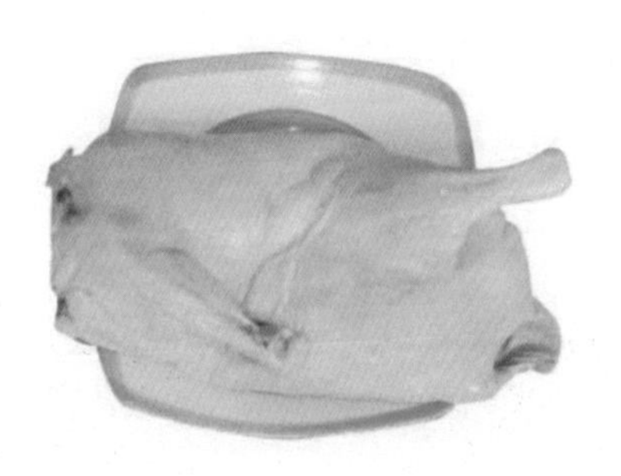

黄金搭配

鸭肉+山药

滋阴养胃、固肾益精。

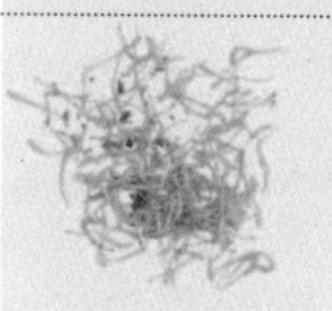

鸭肉+金银花

清热解毒、消肿。

搭配禁忌

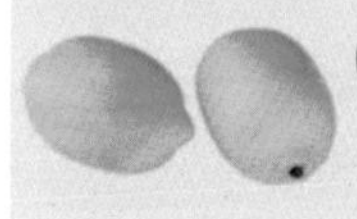

鸭肉+柠檬

使蛋白质凝聚，不利于人体吸收。

选购	食法要略	人群
优质鸭肉肉皮新鲜，带有一些血迹和肉味。 肉皮表面较干，或者肉皮水分太多，脂肪过于松软。	1.烹饪鸭肉时加点盐，能有效地溶出含氮浸出物，使味道更鲜美。 2.煲老鸭汤时，可以在锅里放一些木瓜皮，可有效释放鸭肉酵素，加速鸭肉变黏，使汤更加美味黏稠。	适宜营养不良、水肿、身体虚弱、脚气病患者。 鸭肉性寒，感冒、体质虚寒、痛经者忌服。

番茄牛肉土豆汤

原料

番茄、牛肉、土豆各250克，洋葱、姜、料酒、橄榄油、盐各适量。

做法

❶牛肉切块、汆烫洗净，番茄、土豆切块，洋葱切条，生姜切片。

❷洋葱冷油下锅煸炒，放入土豆、番茄、牛肉，加适量水大火烧开，加入姜片和料酒，再次烧开后转小火煨2小时，加盐调味即可。

功效

补中益气，增进食欲。

“芝宝贝”养生厨房

番茄鱼片汤

☆草鱼片350克，加适量盐、料酒、胡椒粉、淀粉和少许蛋清抓匀腌制10分钟。

☆番茄200克，切块；葱切花，姜切丝，蒜切片；热锅放油，放入葱花、姜丝、蒜片爆香；再放入番茄块翻炒至软。

☆加水，烧开后用中火煮几分钟，待汤汁香味浓时，加盐、胡椒粉调味。

☆放入草鱼片煮至变色后，撒上葱花即可。

营养功效

1.番茄富含番茄红素，对心血管具有保护作用。

2.番茄富含苹果酸和柠檬酸，有助于促进人体对于食物的消化。

黄金搭配

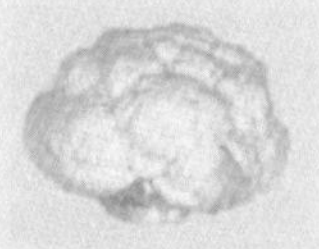

番茄+花菜

增强食欲、防治便秘。

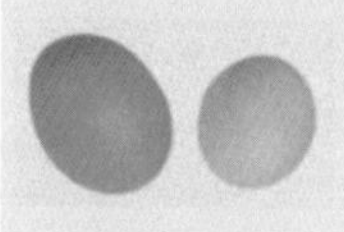

番茄+鸡蛋

具有滋补、美容的功效。

搭配禁忌

番茄+黄瓜

黄瓜所含的维生素C分解酶会破坏番茄中的维生素。

选购	食法要略	人群
优质番茄色红，蒂部呈青绿，摸起来果实稍微发软。 颜色青一块、红一块的番茄可能是催熟的，建议不要购买。	1.烹制番茄时稍微加点醋，就能破坏其中的有害物质番茄碱。 2.烹制番茄的时间不要太长，以免破坏里面的维生素C，因为维生素C不耐高温。	适宜肾虚、贫血、高血压病患者。 番茄含大量维生素C，白癜风患者禁食；番茄味酸，慢性胃肠病患者不要生食番茄。

芹菜茭白汤

原料

芹菜100克，茭白100克，芝麻油、盐、鸡精各适量。

做法

❶茭白切片，芹菜洗净、切段。

❷将茭白、芹菜放入锅中加水煮熟；放盐、芝麻油、鸡精调味即可。

功效

清热止渴。

“芝宝贝”养生厨房

芹菜豆腐汤

☆豆腐200克，切块；火腿1根；芹菜150克，切丁；姜切碎。

☆锅内滴少许芝麻油，放入适量姜末，炒香。

☆加入适量水，倒入适量浓缩高汤。

☆煮开后，放入芹菜丁、火腿丁、豆腐。

☆大火煮3分钟后，撒上葱花即可。

营养功效

1.芹菜中含有芹菜素，有很好的降压作用。

2.芹菜是高纤维食物。

3.芹菜含铁元素较高，是缺铁性贫血患者的佳蔬。

黄金搭配

✔ 芹菜+胡萝卜

美容养颜。

✔ 芹菜+花生

有助于降血压、降血脂。

搭配禁忌

✖ 芹菜+黄瓜

黄瓜中的维生素C分解酶会破坏芹菜中的维生素C。

选购

✔ 优质芹菜叶茎外表光滑、脆嫩，香味较浓。

✖ 如果芹菜的菜叶发黄、老梗过长，有虫蛀的痕迹，建议不要购买。

食法要略

1.芹菜吃法有很多种，生吃、熟吃、榨汁都可以。

2.食用芹菜时不要将叶子扔掉，因为芹菜叶子的营养成分要比芹菜茎高。

人群

✔ 适宜便秘、脾胃、高血压病患者。

✖ 芹菜性寒，降压作用明显，低血压、脾胃虚寒者不宜食用。

青鱼冬瓜汤

原料

青鱼300克，冬瓜200克，植物油、盐、葱段、姜片各适量。

做法

❶冬瓜削皮、切片。

❷青鱼收拾干净，用植物油煎至两面金黄，放水。

❸将冬瓜、葱段、姜片、盐放入锅中，炖煮至熟即可。

功效

清热利水，解毒生津。

“芝宝贝”养生厨房

青鱼黑木耳汤

☆鱼头1个，洗净，抹上盐略腌；黑木耳50克，泡发；油菜50克，切段；锅置火上，放油。

☆放入鱼头煎至两面焦黄时放入料酒，盖上锅盖略焖；加适量白糖、盐、葱段、姜片及水，大火煮开。

☆汤呈浓白色后，用小火煮10分钟。

☆放入黑木耳、油菜烧开后，盛入汤碗内即可。

营养功效

1.青鱼肉中富含核酸，可延缓衰老。

2.青鱼含丰富的硒、碘等微量元素，能强化免疫功能，抑制肿瘤。

3.青鱼体内还含有二十碳五烯酸，具有扩张血管等作用。

黄金搭配

青鱼+韭菜

补气，解除烦闷。

搭配禁忌

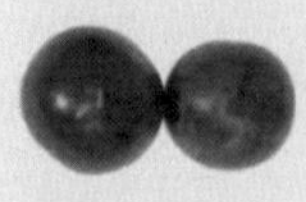

青鱼+李子

易形成难以消化的物质。

选购	食法要略	人群
新鲜青鱼色泽银白、闪亮，鱼眼清亮。 如果色泽灰暗、鱼眼暗淡则为不新鲜的青鱼，不宜购买。	1.青鱼可红烧、干烧、清炖、糖醋或切段熏制，也可加工成条、片、块制作各种菜肴。 2.烹饪青鱼时不要放入味精。	适宜各类水肿、肝炎、肾炎、脚气、脾胃虚弱，气血不足，高脂血症、高胆固醇血症、动脉硬化者。 青鱼属于发物，有慢性疾病、皮肤过敏者不宜食用。

荸荠豆腐肉汤

原料

荸荠5个，豆腐100克，鸡肉50克，鸡蛋1个，植物油、盐、葱丝、鸡精、生抽各适量。

做法

❶荸荠去皮、切丁，豆腐切丁，鸡肉切丝，用鸡蛋、生抽腌制后，加入植物油滑散。

❷锅留底油，呛葱丝，放入鸡肉丝、荸荠、豆腐、盐、水熬煮20分钟，放入鸡精即可。

功效

清热解毒，化湿祛痰，清肺胃热，消食除胀。

“芝宝贝”养生厨房

荸荠甘蔗水

☆甘蔗300克，削去外皮，从中间剁开成小根。

☆荸荠200克，洗净，挖掉小蒂，将甘蔗和荸荠一起放到锅里。

☆大火煮开后捞净浮沫，再转小火煮至荸荠全熟即可。

营养功效

1.荸荠中含有大量磷元素，能促进人体生长发育和维持生理功能的需要。

2.荸荠含有植物蛋白、淀粉，能促进大肠蠕动，可用来治疗便秘等症。

黄金搭配

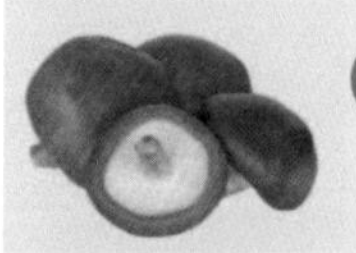

荸荠+香菇

调理脾胃、清热生津。

荸荠+黑木耳

滋阴生津。

搭配禁忌

一般无特别的搭配禁忌。

选购

优质的荸荠表皮一般会呈现淡紫红色或者红黑色。

如果发现荸荠表皮色泽鲜嫩，或者呈现不正常的鲜红色，分布非常均匀，最好不要购买。

食法要略

荸荠不宜生吃，因为它生长在泥中，外皮和内部都附着细菌和寄生虫，所以一定要煮熟、煮透才能食用。

人群

荸荠中淀粉的含量较多，糖尿病患者要适量食用。

荸荠性寒凉，脾胃虚寒及血虚者忌食。

白菜海米汤

原料

白菜200克，海米10克，枸杞子10克，盐、芝麻油、鸡精各适量。

做法

❶将白菜洗净、撕片。

❷将白菜、枸杞子、海米放入锅中，开锅后熬煮10分钟。加盐、芝麻油、鸡精调味即可。

功效

清热除烦，解渴利尿，增强骨质，可以预防骨质疏松，缓解眼睛疲劳。

“芝宝贝”养生厨房

白菜豆腐汤

☆白菜500克，洗净、切段；豆腐1块，切成2厘米见方的块。

☆锅中加适量冷水，放入适量葱段、大料煮开。

☆放入白菜和豆腐，加少许盐，大火煮开，小火炖5分钟，盛入碗中，滴少许芝麻油即可。

营养功效

1.白菜含有丰富的粗纤维，有润肠、促进排毒的作用。

2.白菜中含有丰富的维生素C、维生素E，有很好的护肤和养颜功效。

3.白菜中所含的果胶，帮助人体代谢多余的胆固醇。

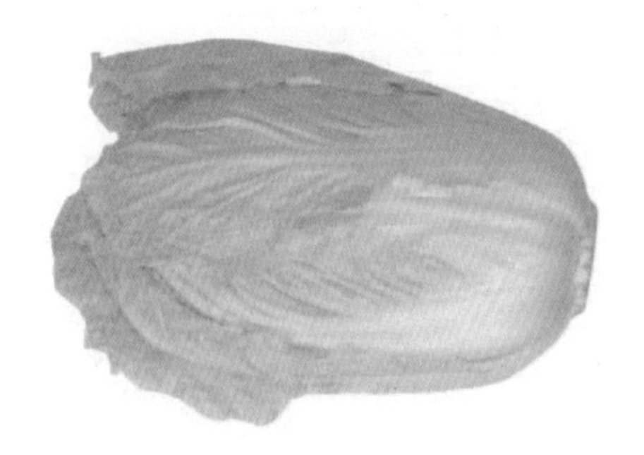

黄金搭配

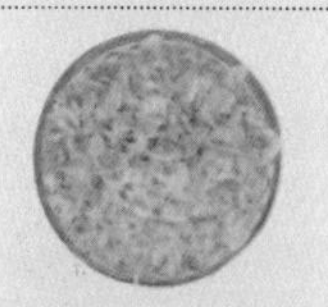

白菜+虾米

滋阴清肺，健脾开胃。

白菜+牛肉

健脾开胃，缓解乏力。

搭配禁忌

白菜+黄瓜

黄瓜中的维生素C分解酶会破坏白菜中的维生素C。

选购	食法要略	人群
优质白菜外形整齐，大小均匀，包心结实，没有枯老的叶子。 发现白菜有异味，或叶子发蔫，建议不要购买。	1.白菜可以炒、烩、凉拌等。无论怎样吃，都不要挤掉菜汁，以免营养成分流失。 2.腐烂的白菜不能吃，因为白菜中的硝酸盐转变为有毒的亚硝酸盐，使人出现头晕、头痛、恶心等症状。	适宜肺热咳嗽、肾病、便秘、腹胀患者。 白菜性寒，胃寒腹痛、大便稀溏者不宜食用。

螃蟹鸡血藤汤

原料

螃蟹100克，米酒100克，鸡血藤15克。

做法

❶将鸡血藤、螃蟹放在砂锅中烧开。

❷调入米酒，炖至螃蟹熟。

功效

活血化瘀，通经止痛，益阴补髓。

“芝宝贝”养生厨房

蟹粉豆腐羹

☆螃蟹250克，蒸熟、剔出肉；豆腐1块，切块；螃蟹在盐水锅里焯一遍；适量生姜、葱全部剁碎。

☆油热后先煸香姜末，再加入蟹肉微炒，放入水、豆腐，适量盐、鸡精、料酒烧开。

☆鸡蛋1枚打散，锅开后先淋入水淀粉搅匀，再加入鸡蛋液。

☆等再次开锅，撒葱花，胡椒粉调味即可。

营养功效

1.螃蟹含有丰富的蛋白质及微量元素，对身体有很好的滋补作用。

2.螃蟹壳中含有一种物质——甲壳质，可抑制癌细胞的增殖和转移。

黄金搭配

螃蟹+黄酒

活血暖胃。

螃蟹+豆腐

恢复体力，延缓衰老。

搭配禁忌

螃蟹+柿子

二者属性均为凉性，同食易引起腹泻等不良症状。

选购	食法要略	人群
✓ 优质的螃蟹壳背呈黑绿色，带有亮光，螯足上绒毛丛生。 ✗ 如果螃蟹壳背呈黄色，螯足无绒毛则不建议购买。	1.螃蟹可清蒸、还可制成蟹糊、蟹酱，但以清蒸最好。 2.螃蟹要洗净，蒸透、蒸熟，现蒸现吃，蒸熟后的螃蟹放置不要超过4小时。	✓ 适宜跌打损伤、筋断骨碎、瘀血肿痛、产妇胎盘残留、临产阵缩无力者。 ✗ 螃蟹性寒，脾胃虚寒者或阳虚者不宜食用；螃蟹含有大量嘌呤物质，痛风患者限量食用。

山楂木耳羹

原料

木耳（水发）20克，山楂5颗，冰糖适量。

做法

❶将木耳洗净，撕成小块，山楂洗净去核。

❷将木耳、山楂放入锅中，加适量水煮烂即可。

功效

促进消化，解毒滑肠。

“芝宝贝”养生厨房

山楂银耳羹

☆银耳1朵，用水泡发，去根部黄色硬心，掰成小块备用。

☆山楂15颗，用盐水清洗，用小匙把抠去两端，去核。

☆锅中放水，放入山楂和银耳，加入适量冰糖。

☆大火煮开之后，转小火煮8分钟左右，至汤汁变稠即可。

营养功效

1.山楂中维生素和胡萝卜素非常丰富，有美容、防衰老、提高机体免疫力的作用。

2.山楂含有丰富的膳食纤维，可促进肠道的蠕动和消化腺的分泌。

3.山楂中含有三萜类和黄酮类物质，具有扩张血管等作用。

黄金搭配

山楂+排骨

祛斑消瘀。

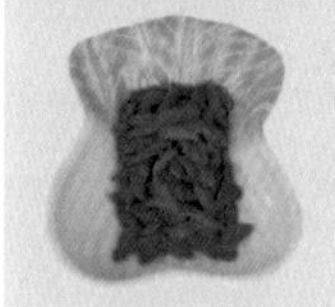

山楂+枸杞子

补肝益肾。

搭配禁忌

山楂+猪肝

会发生氧化，破坏维生素C的吸收。

选购	食法要略	人群
✓ 优质山楂外形规则，果皮深红、暗红，并且有光泽。 ✗ 果皮皱缩，有干瘪或者虫蛀痕迹的山楂不要购买。	1.山楂可做成蜜饯、罐头、酱，还可以制作成山楂丸。 2.山楂加热后会变得更酸。如果捣成糊状与其他食物混合就会冲淡其酸性。	✓ 适宜消化不良、心血管疾病、癌症、肠炎患者。 ✗ 山楂会刺激子宫，引起宫缩，孕妇禁食；山楂味酸，脾胃虚弱者、儿童不宜多食。

口蘑菜心汤

原料

口蘑40克，菜心200克，虾米20克，盐、芝麻油、鸡精各适量。

做法

❶菜心切丝，虾米泡软，口蘑用水洗净、切片。

❷锅中放水，将菜心、口蘑、虾米放入锅中加水烧开，放盐、芝麻油、鸡精调味即可。

功效

解渴利尿、通利肠胃。

"芝宝贝"养生厨房

口蘑大骨汤

☆猪大骨1000克，洗净，放入砂锅，加入水和适量葱、姜一起煮开。

☆用勺子撇去表面浮沫，用小火熬煮2小时。

☆口蘑300克，洗净、切片，锅中加入熬好的大骨汤，放入口蘑。

☆改小火煮10分钟，关火，撒少许香菜即可。

营养功效

1.口蘑中含有大量的维生素D，能很好地预防骨质疏松症。

2.口蘑可增强人体免疫力。

3.口蘑中还含有一种稀有的天然氨基酸抗氧化剂——麦硫因，可预防衰老。

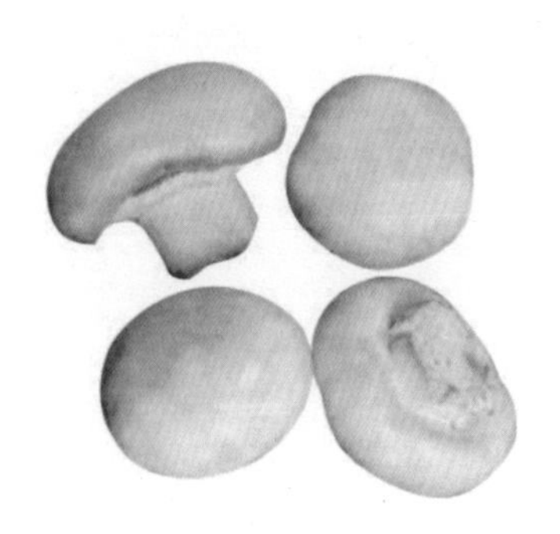

黄金搭配

✔ 口蘑+豌豆

滋补身体。

✔ 口蘑+豆腐

促进血液循环。

搭配禁忌

✖ 口蘑+味精

破坏口蘑的鲜味。

选购	食法要略	人群
✔ 优质的口蘑菇盖呈白色或灰色，菇柄为白色，形状比较完整、没有水渍、不发黏。 ✖ 如果口蘑呈黄色则品质较差，发黄的原因是菇老、喷过水或受杂菌污染。	1.口蘑既可炖食，又可凉拌。 2.最好吃鲜口蘑。如果选择袋装口蘑，食用前一定要多清洗几遍，因为袋装食品中可能含有多种添加剂。	✔ 适合癌症、心血管系统疾病、肥胖、便秘、糖尿病、肝炎、肺结核、软骨病患者。 ✖ 口蘑中含有丰富的钾元素，肾脏疾病患者忌食。

金针菇豆苗汤

原料

金针菇40克，豌豆苗50克，植物油、盐、葱花、鸡精各适量。

做法

❶豌豆苗择洗净，金针菇开水焯透。

❷油锅烧热，爆香葱花，加水烧开。放入金针菇、豌豆苗煮3～4分钟，放盐、鸡精调味即可。

功效

益智安神，理中益气，补肾健脾。

"芝宝贝"养生厨房

金针菇冬瓜汤

☆冬瓜200克，削皮、切片；金针菇80克，洗净。

☆锅中加入适量水，煮开后加入冬瓜、金针菇。

☆再煮15分钟左右即可。

营养功效

1.金针菇含大量锌元素、赖氨酸和精氨酸，有促进儿童智力发育和健脑的作用。

2.金针菇中含有朴菇素，有增强机体对癌细胞的抗御能力。

3.金针菇中有香菇嘌呤，具有降低血中胆固醇的作用，能有效地预防动脉血管硬化。

黄金搭配

金针菇+萝卜

改善胃肠功能。

金针菇+鸡肉

活血调经，益智安神。

搭配禁忌

金针菇+蛤蜊

蛤蜊中含有维生素B_1分解酶，会破坏金针菇中的维生素B_1。

选购	食法要略	人群
✔ 优质金针菇菇头大小均匀、颜色白、没有开伞、根部少粘连。 ✖ 如果金针菇颜色发黄，说明不新鲜，建议不要购买。	1.金针菇吃法很多，凉拌、涮着吃都可以。 2.金针菇一定要做熟了再吃，否则容易引起食物中毒。	✔ 适宜气血不足、营养不良、消化道溃疡、心脏病患者。 ✖ 金针菇性味寒凉，脾胃虚寒、畏寒肢冷、大便溏稀者慎食。

泥鳅豆腐汤

原料

泥鳅500克，豆腐100克，姜片、香菜、油、盐各适量。

做法

❶把泥鳅清洗干净，去除内脏，放油锅煎香备用。

❷加入开水，放入煎好的泥鳅、豆腐、姜片，小火煮30分钟。

❸加入洗净的香菜、盐，调味后煮开即可。

功效

益智安神，理中益气，补肾健脾。

“芝宝贝”养生厨房

泥鳅汤

☆泥鳅1000克洗净，锅内放水，加生姜4片、料酒2大勺，烧开；泥鳅倒入锅内焖2分钟，洗去上面黏膜。

☆另起锅，油热后煸香姜片、葱段，放入泥鳅煎。

☆所有材料入砂锅，加水烧开，炖到鱼肉酥烂，加盐调味即可。

营养功效

1.泥鳅富含的赖氨酸是精子形成的必要成分，有助于提高精子的质量。

2.泥鳅富含多种蛋白质和微量元素铁，对贫血患者十分有益。

3.泥鳅中含有烟酸，能够扩张血管，降低血液中胆固醇含量，有效预防心脑血管疾病。

黄金搭配

泥鳅+豆腐

强身健体，润泽肌肤。

泥鳅+苹果

保护心脏。

搭配禁忌

泥鳅+螃蟹

泥鳅性温，螃蟹性寒，功效正好相抵。

选购	食法要略	人群
优质泥鳅眼睛凸起、澄清有光泽，且活动能力强，鳃片呈鲜红色或红色。鱼皮上有透明黏液，有光泽。 眼睛凹陷，鱼皮黏液干涩的泥鳅死亡时间较长，不要购买。	1.泥鳅的食用方法很多，焖、炖、蒸等都能获得最佳的口感。 2.泥鳅买回来，放在滴了油的清水里养一天，让其吐尽泥沙，用盐搓尽泥鳅表面的黏液，再食用。	适宜身体虚弱、脾胃虚寒、营养不良、小儿体虚盗汗者。 过敏体质的人不宜多食。

孙教授为您讲解

体质养生原则

根据中华中医药学会2009年4月9日发布的《中医体质分类判定标准》，将体质分为平和质、气虚质、阳虚质、阴虚质、痰湿质、湿热质、血瘀质、气郁质、特禀质九个类型。

平和体质	面色、肤色润泽，头发稠密有光泽，目光有神，睡眠良好，不易疲劳，精力充沛。
阴虚体质	手足心热，口燥咽干，鼻微干，喜冷饮，大便干燥，舌红少津，脉细数。
阳虚体质	平素畏冷，手足不温，喜热饮食，精神不振，舌淡胖嫩，脉沉迟。
气虚体质	平素嗓音低弱，气短懒言，容易疲乏，精神不振，易出汗，舌淡红，舌边有齿痕，脉弱。
湿热体质	面部和鼻尖总是油光发亮，脸上易生粉刺，皮肤易瘙痒，常感口苦、口臭，脾气较急躁。
血瘀体质	肤色晦黯，色素沉着，容易出现瘀斑，口唇暗淡，脉涩。
痰湿体质	体形肥胖，面部皮肤油脂较多，多汗且黏，胸闷，痰多，容易困倦，舌体胖大，舌苔白腻或甜，大便正常或不实，小便不多或微混。
气郁体质	神情抑郁，情感脆弱，烦闷不乐，舌淡红，苔薄白，脉弦。
特禀体质	常见哮喘、风团、咽痒、鼻塞、喷嚏等。

第3章

五脏六腑的汤补“密码”

人体是一个平衡和谐的系统，五脏六腑各司其职，相互之间既滋生又影响。因此，在我国古老的医书中，五脏六腑被看成是人身之宝，它们可定寿命、决健康、泽精气，是人体养生的根本所在。

麦冬饮

原料

麦冬10克，贡梨1个。

做法

❶贡梨洗净，切片。

❷麦冬洗净，切片，用水煎20分钟，去渣留汁。

❸加入贡梨片稍煮即可。

功效

清心润肺，可以增加冠状动脉血流量，适用于心肌缺血。

"芝宝贝"养生厨房

麦冬菊花山楂饮

☆麦冬3～5粒、菊花15粒、干山楂10克，放入茶壶中加入开水冲泡。

☆8～10分钟后，饮用即可。

营养功效

麦冬具有清心润肺、滋阴生津、养阴润燥等功效，适用于心阴不足、心烦口渴、咳嗽、痰多、气逆等疾病的治疗。

黄金搭配

麦冬+ 沙参

清肺凉胃，养阴生津。

麦冬+ 半夏

止咳降逆，生津益胃。

搭配禁忌

麦冬是滋阴的中药，一般可和多种中药配伍，但应按照医生的建议服用。

选购

优质麦冬呈纺锤形，两端略尖，长1.5～3厘米，直径0.3～0.6厘米。表面黄白色或淡黄白，有细纵纹。

如果发现麦冬发黑，或者过于短小，则建议不要购买。

食法要略

麦冬可与其他药材、食物搭配制成药膳食用。

人群

适宜便秘、心烦口渴者。

麦冬性寒质润，风寒感冒、脾胃虚寒、大便溏稀者忌服；有过敏史或过敏体质者慎服。

西洋参莲子汤

原料

西洋参5克，莲子20克，冰糖15克。

做法

❶西洋参洗净，放入碗中加水，与莲子一起浸泡一夜。

❷再加入冰糖，放入蒸锅中蒸30分钟即可。

功效

生津止渴，养心安神。

"芝宝贝"养生厨房

西洋参乌鸡汤

☆乌鸡500克，冷水下锅，开锅后撇去血沫。

☆放入西洋参片15克，放入适量料酒转小火炖煮2小时。

☆撒入少许盐，再炖煮1小时即可。

营养功效

1.西洋参中的皂苷可以有效增强中枢神经系统功能，达到静心凝神、消除疲劳、增强记忆力等作用。

2.西洋参可以增强人体免疫力，可强化心肌收缩能力及增强心脏活动能力。

3.西洋参对血压有着一定的调节作用。

黄金搭配

西洋参+甲鱼

补气养阴、清火、养胃。

西洋参+龙眼肉

清肠止血。

搭配禁忌

西洋参+萝卜

西洋参补气，萝卜行气，同食会降低彼此功效。

选购	食法要略	人群
优质西洋参条匀、质硬、表面横纹紧密、气清香、味道浓。 如果发现西洋参断面灰白，质地僵硬，气味清淡，建议不要购买。	1.可用开水冲泡西洋参和菊花代茶饮。 2.选购西洋参片时，最好到信誉好的店铺去购买。还需要注意认真加以鉴别，因为西洋参种类复杂，质量也有优劣。	适宜体倦乏力、口渴咽干、阴虚火旺、高血压、眩晕者。 西洋参性寒凉，腹部冷痛、泄泻者不宜食用。

柠檬荸荠汤

原料

新鲜柠檬1个，荸荠5个。

做法

❶柠檬洗净，带皮切片，备用。

❷荸荠洗净，削皮，备用。

❸将柠檬片和荸荠共同煮汤，每日饮用1次。

功效

预防心血管、高血压等病。

“芝宝贝”养生厨房

蜂蜜柠檬茶

☆柠檬1个用水洗净，在表面抹盐，摩擦片刻，再用水洗净；切去柠檬的头尾蒂部，切成薄片。

☆取一个有盖或可密封的容器，洗净；以一层蜂蜜、一层柠檬的方式放入。

☆最后再放入一些蜂蜜，加盖密封，放入冰箱冷藏5～7天即可冲调。

营养功效

1.柠檬含有烟酸和丰富的有机酸，有很强的杀菌作用。

2.柠檬汁中含有大量柠檬酸盐，能够抑制钙盐结晶，防止肾结石形成。

3.柠檬维生素含量极为丰富，是美容的天然佳品，具有美白作用。

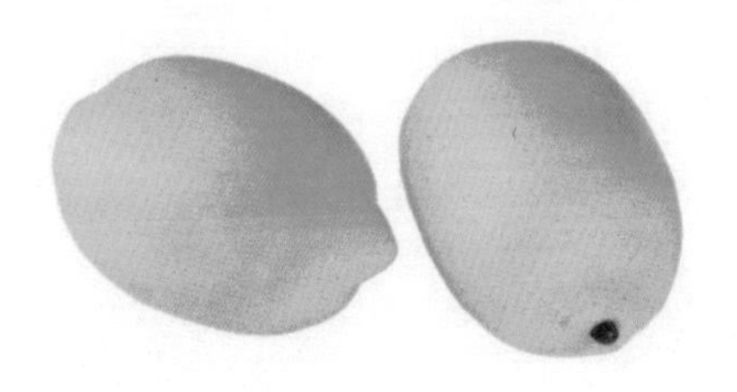

黄金搭配

柠檬+芦荟

抑制炎症，减轻口腔溃疡。

柠檬+鸡肉

健脾胃，促进食欲。

搭配禁忌

柠檬+牛奶

牛奶中的蛋白质和钙元素，与柠檬中的果酸会形成草酸钙，影响胃肠消化。

选购	食法要略	人群
优质的柠檬有芳香气味，果实坚实、表皮颜色鲜艳有光泽。 如果柠檬表面有霉点、孔洞，或者表皮的颜色暗沉，呈深黄色则是不新鲜的柠檬，建议不要购买。	1.柠檬适宜配菜、榨汁，因为太酸不宜鲜食。 2.榨好汁后，一次用不完的柠檬汁，可以把瓶口封紧放入冰箱中保存，保质期在3天。另外，也可以将柠檬汁直接倒入冰格中放入冰箱冷冻层保存。	适宜暑热口干烦躁、消化不良、维生素C缺乏者，胎动不安的孕妇，肾结石、高血压病患者。 柠檬过多食用容易损伤牙齿，有胃病及十二指肠溃疡的患者忌食。

山药排骨汤

原料

猪排500克，山药、胡萝卜各100克，枸杞子、油、盐、姜片、白醋各适量。

做法

❶猪排斩段，用水冲洗干净。热锅放油，加入姜片爆锅，放猪排段，炒变色。

❷加水，大火烧开，加入白醋；将胡萝卜、山药去皮洗净后切块，放入汤中。

❸小火煲至胡萝卜、山药熟烂，放入盐、枸杞子，再煮5分钟即可。

功效

健脾益胃、助消化。

"芝宝贝"养生厨房

山药羊肉汤

☆羊肉700克，去筋膜，切成块；山药300克，去皮、洗净，切滚刀块，泡水中备用。

☆锅置火上，放入羊肉，加水大火烧开，撇去浮沫。放入砂锅中，加适量葱段、姜片、胡椒粉和料酒。

☆羊肉炖至八成熟烂，加入山药块，炖至羊肉酥烂加盐即可。

营养功效

1.山药含有薯蓣皂苷，有助于促进体内各种激素的生成。

2.山药含有黏液蛋白，有效抑制体内脂肪的堆积，从而降低血脂、血压。

3.山药中含有维生素和其他微量元素，有美容养颜的功效。

黄金搭配

山药+黑芝麻

预防骨质疏松。

山药+玉米

利于营养物质的吸收。

搭配禁忌

山药+胡萝卜

胡萝卜中的维生素C分解酶会破坏山药中的维生素C。

选购	食法要略	人群
优质山药茎秆笔直、粗壮、根须多、山药表皮光滑。 如果发现山药的断裂面呈现铁锈色，则不建议购买。	1.山药需去皮食用，以免产生麻、刺等异样口感。 2.制作山药的时间不宜过长，因为山药中的淀粉酶不耐高温，久煮会损失其中的营养成分。烹饪时忌用铜器或铁器。	一般人群均可食用，尤其适合糖尿病患者，肥胖者。 山药具有收涩的作用，便秘患者不宜食用。

冬瓜山药汤

原料

冬瓜100克，山药50克，盐、鸡精各适量。

做法

❶冬瓜、山药削皮、切块。

❷放入砂锅中，加水熬煮至熟，加入盐、鸡精调味即可。

功效

清热解毒，健脾补肺，止渴止泻。

“芝宝贝”养生厨房

冬瓜茶

☆冬瓜1000克，洗净、切丁；加红糖100克，拌匀，在锅中放置约15分钟。

☆将冬瓜与红糖水、冰糖100克一起放入锅中，大火煮开之后转小火，保持微开状态，直至糖浆变黏稠。

☆当冬瓜变透明状后，将煮好的汁液过滤，晾凉，放入干净的玻璃瓶内密封，于冰箱冷藏保存。饮用时用温水或冰水稀释，掌握甜度即可。

营养功效

1.冬瓜中富含丙醇二酸，能有效控制体内的糖类转化为脂肪，防止体内脂肪堆积。

2.冬瓜中富含油酸，是很好的润肤美容成分。

3.冬瓜含有大量的膳食纤维，能降低体内胆固醇，降血脂，防止动脉粥样硬化。

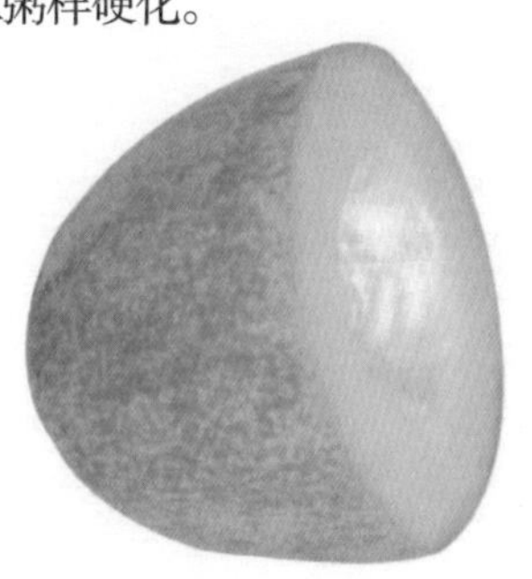

黄金搭配

冬瓜+虾米

消除水肿，解热。

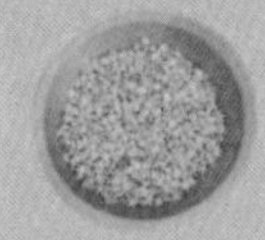

冬瓜+薏仁

健脾补肺，健美减肥。

搭配禁忌

冬瓜+鲫鱼

二者都是消肿利尿食物，同食造成尿量增加。

选购	食法要略	人群
✔ 优质冬瓜皮硬，肉质致密，内部种子已经发育成熟，呈黄褐色。 ✖ 如果冬瓜瓜皮受损，切口处颜色发暗，则建议不要购买。	1.冬瓜适于熬汤、烧、炒等，还可以做成蜜饯。 2.连皮煮汤，清热利尿效果更好。	✔ 适宜肾脏病、糖尿病、冠心病、高血压病等患者。 ✖ 冬瓜性偏寒，久病体虚及阴虚火旺者不宜多食。

橙子银耳汤

原料

橙子2个，银耳（水发）20克，冰糖适量。

做法

❶将银耳放入开水中汆烫一下捞出，过凉。

❷橙子榨成汁。

❸将橙汁、银耳放入器皿中，加入冰糖溶化，搅拌均匀即可。

功效

开胃消食。

"芝宝贝"养生厨房

橙子酱

☆橙子2个去皮，肉切块，把刮下的橙子皮去白瓤。

☆放入搅拌机内，加水，打成汁。

☆再将打好的汁倒入汤锅内，放入橙子肉和适量冰糖一起煮至水分收干即可。

营养功效

1.橙子中含量丰富的维生素C、维生素P，能增加机体抵抗力，降低血液中胆固醇的含量。

2.橙子中含有胡萝卜素，可以抑制致癌物质的形成。

黄金搭配

橙子+蛋黄酱

橙子中的维生素C与蛋黄酱所含维生素E搭配，有助于血液循环、护肤、防老、抗癌。

搭配禁忌

橙子+虾

虾中钙元素与橙子中的鞣酸会结合成人体不易消化的鞣酸钙，刺激肠胃，引起呕吐。

橙子+奶油

奶油中的蛋白质会先与橙子中的维生素C相遇凝固成块，影响消化吸收。

选购	食法要略	人群
✔ 优质橙子表皮颜色正常，皮孔较多的比较好。 ✖ 如果橙子表皮孔较少，摸起来相对光滑，建议不要购买。	1.橙子既可直接吃，也可榨汁或与其他食物搭配制作成菜肴食用。 2.不宜过多食用柑橘类水果，以免皮肤黄染，甚至出现恶心、呕吐等现象。	✔ 一般人群均可食用。特别适宜胸膈满闷、恶心欲吐、饮酒过多者。 ✖ 橙子性寒、味酸，空腹者、胃肠疾病患者忌食。

水果莲子羹

原料

荔枝、菠萝肉各60克，莲子30克，冰糖、水淀粉各适量。

做法

❶莲子去莲心，加适量水焖酥，用冰糖调味。

❷荔枝去皮、去核，菠萝去皮、切丁。

❸将荔枝和菠萝放入莲子汤中，烧开后加适量水淀粉勾芡成羹即可。

功效

强心安神，滋补肝脏。

"芝宝贝"养生厨房

糖水荔枝

☆荔枝400克，剥壳去核，备用。

☆冰糖100克、红糖20克放入锅中，再加入一些水。

☆煮至冰糖融化后，放入剥好的荔枝煮2～3分钟。

☆关火、晾凉，放入冰箱中冰镇即可。

营养功效

1.荔枝果肉中含丰富的葡萄糖、蔗糖，具有补充能量的作用。

2.荔枝肉含丰富的维生素C和蛋白质，有助于增强机体的免疫功能。

3.荔枝含有一种氨基酸，具有降血糖的作用。

黄金搭配

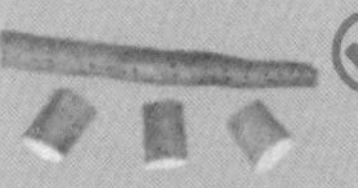

荔枝+山药

荔枝入心、脾，山药补脾养胃，二者同食补益心肾、止渴、固涩。

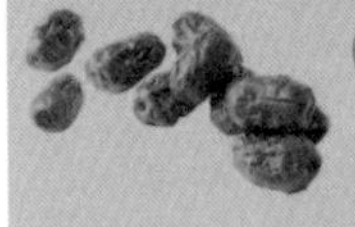

荔枝+大枣

荔枝安神，入心、脾，大枣补血，二者同食能健脾、养血、安神。

搭配禁忌

荔枝+黄瓜

黄瓜中的维生素C分解酶会破坏荔枝中的维生素C。

选购	食法要略	人群
优质的荔枝颜色正常，手感富有弹性。 如果发现荔枝颜色过于鲜艳，或者摸起来过软，有空洞，则是坏荔枝，不建议购买。	1.荔枝既可以直接吃，也可以制成罐头或烹饪成菜肴食用。 2.荔枝连皮浸入淡盐水中，再放入冰柜冰镇后食用，不仅不会上火，还能解滞，增加食欲。	适宜产妇、老人、体质虚弱者、病后调养者、贫血者、口臭者。 荔枝性温，含糖分较多，糖尿病患者、阴虚火旺等证者忌食。

苦瓜瘦肉汤

原料

苦瓜150克，瘦肉80克，盐、葱丝、生抽、鸡精各适量。

做法

❶苦瓜去瓤、切片。

❷将瘦肉切丝，放入锅里加水、葱丝、盐、生抽炖至将熟。

❸放苦瓜煮熟，放入鸡精调味即可。

功效

清热消暑，养肝明目，滋阴润燥。

“芝宝贝”养生厨房

清凉苦瓜羹

☆苦瓜1根，洗净、切块，放入榨汁机中榨汁，汁渣分离。

☆枸杞子适量，洗净、泡软；鸡蛋1枚打匀备用。

☆取一干净锅，依次倒入苦瓜汁和水，烧开，将打好的鸡蛋均匀倒入。

☆取一小碗，放水适量淀粉，倒入锅内，至苦瓜汤收成羹状时加入少许盐、鸡精、白胡椒粉调味即可。

营养功效

1.苦瓜中的苦瓜苷和苦味素能增进食欲，健脾开胃。

2.苦瓜中所含的生物碱类物质奎宁，有利尿活血、消炎退热、清心明目的功效。

3.苦瓜含有大量的蛋白质和维生素C，能提高机体的免疫功能。

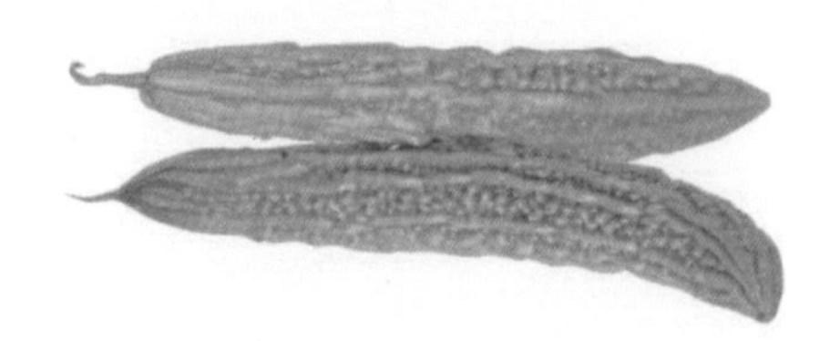

黄金搭配

苦瓜+胡萝卜

美容养颜。

苦瓜+青椒

清心明目，抗衰老。

搭配禁忌

苦瓜+猪大排

形成的草酸钙阻碍钙的吸收。

选购	食法要略	人群
优质的苦瓜外表颗粒饱满，颜色翠绿，果皮厚。 如果发现苦瓜颜色过于鲜亮，外皮颗粒过小，果皮薄则是劣质的，不要购买。	苦瓜与瘦肉搭配，可促进人体对微量元素铁的吸收，能增强体力，改善人的气色。	一般人群均可食用。尤其是糖尿病、癌症患者。 苦瓜性凉，脾胃虚寒者不宜食用苦瓜。

牡蛎萝卜丝汤

原料

牡蛎6个，白萝卜200克，葱丝、姜丝、盐、芝麻油各适量。

做法

❶将白萝卜切丝，放入开水中，煮至将熟。

❷放入牡蛎肉、葱丝、姜丝，将牡蛎肉煮至熟透。

❸放盐、芝麻油调味即可。

功效

消食化滞，促进胆汁分泌。

“芝宝贝”养生厨房

鲜美牡蛎汤

☆牡蛎300克，洗净、加水，放入牡蛎。

☆大火烧开，水倒掉，捞起牡蛎备用。

☆烧热油锅，放入适量姜丝，翻炒片刻，将适量大葱放入继续煸炒。

☆加入适量开水，大火煮沸，放入焯过的牡蛎，煮开后放少许盐、胡椒粉，关火前加入香菜即可。

营养功效

1.牡蛎体内含有大量制造精子所不可缺少的精氨酸。

2.牡蛎的肝糖原存在于储藏能量的肝脏与肌肉中，可以提高肝功能，消除疲劳，增强体力。

3.牡蛎的提取物有明显抑制血小板聚集作用，能降低血脂。

4.牡蛎中所含丰富的牛磺酸有明显的保肝利胆作用。

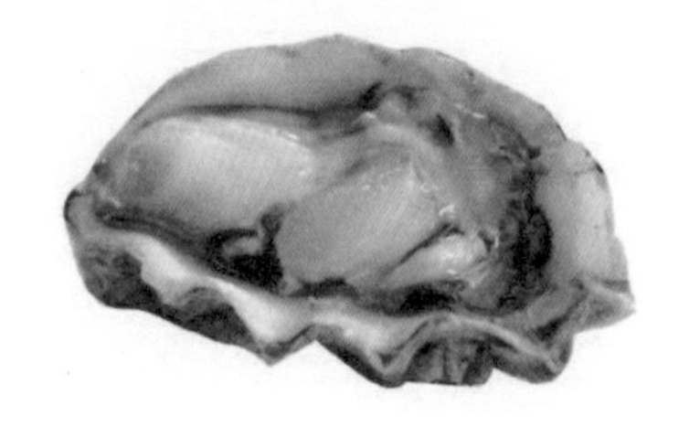

黄金搭配

✔ 牡蛎+青蒜

壮阳杀菌，强身健体。

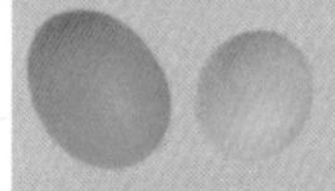

✔ 牡蛎+鸡蛋

促进骨骼生长。

搭配禁忌

✘ 牡蛎+蚕豆

蚕豆富含膳食纤维，牡蛎中含有大量锌元素，同食会降低锌元素的吸收。

选购

✔ 优质牡蛎外壳安全封闭，没有其他异味。

✘ 如果发现牡蛎的外壳已经张开，或者有难闻的异味，建议不要购买。

食法要略

1.制作牡蛎时，应少放盐，不放味精，以免失其特有的鲜味。

2.在蒸煮牡蛎的过程中尽量用小锅，否则可能造成牡蛎受热不均，使一部分牡蛎无法熟透。

人群

✔ 一般人群均可食用。

✘ 牡蛎性寒，虚寒者忌食。

黑枣芹菜汤

原料

黑枣15颗，芹菜200克。

做法

❶黑枣去核，芹菜洗净、切段。

❷锅中加水，放入黑枣、芹菜，共煮20分钟即可。

功效

滋补肝肾，降脂降压。

“芝宝贝”养生厨房

黑枣酒

☆准备一瓶黄酒500毫升，黑枣15颗洗净晾干，放入容器内，再加入冰糖，倒入黄酒。

☆盖上密封盖，放阴凉处，7天后打开饮用即可。

营养功效

1.黑枣中富含钙、铁等微量元素，对防治骨质疏松、产后贫血有重要作用。

2.黑枣所含的芦丁，能软化血管，降低血压。

3.黑枣含有丰富的维生素A，能有效保护眼睛。

黄金搭配

黑枣+山楂

减肥，美白，祛脂。

搭配禁忌

黑枣+大葱

二者都属于辛热之物，同食易使人上火。

选购

优质的黑枣皮色乌亮有光，黑里泛红，外形同红枣外形一样。

如果发现黑枣的表皮颜色较差，发黄或者呈褐红色，则是次品，不建议购买。

食法要略

1.枣直接吃、做馅、做糕点、熬粥、炖汤都可以，用枣还能做蜜饯、枣糕、枣奶等。

2.生吃枣时最好吐皮，因为枣皮容易粘在肠道中不易排出。如果炖汤或熬粥，最好连皮一块吃。

人群

一般人群均可食用，尤其适合体质虚弱、贫血者。

黑枣性温味甘，小儿疳病或痰热患者忌食。

无花果冰糖水

原料

无花果干6个，冰糖适量。

做法

❶将无花果干洗净。

❷将无花果干、冰糖放入锅中，加水煮开后饮用。

功效

理气化痰、润肺止咳、清肺热。

“芝宝贝”养生厨房

无花果雪梨糖水

☆准备梨2个，去核后切块备用。

☆无花果2个、阿胶枣2颗、枸杞子10克洗净备用，冰糖2块备用。

☆锅内烧开水，水开后把梨倒入，等水再开后放入无花果、阿胶枣和枸杞子。

☆用小火炖40分钟，加入少许冰糖，直到把冰糖煮化即可出锅。

营养功效

1.无花果含有丰富的氨基酸，有效消除疲劳。

2.无花果含有钾元素，能强化脑血管。

3.无花果含有苹果酸、柠檬酸、脂肪酶、蛋白酶、水解酶等，能促进食欲，帮助人体对食物的消化。

4.无花果所含的脂肪酶、水解酶等有降低血脂的功能。

黄金搭配

无花果+牛肉

缓解口臭。

无花果+草鱼

清热润燥，强身健体。

搭配禁忌

一般没有特别的搭配禁忌。

选购	食法要略	人群
优质的无花果个头较大、果肉饱满的、不开裂的，轻捏较为柔软。 如果发现无花果发出一股酸酸的气味，说明无花果已经坏了，不宜购买。	无花果既可以鲜食，也可以制成无花果干、果脯、果酱、果汁或烹饪菜肴。	一般人群均可食用。消化不良、食欲不振者，高血脂、高血压、冠心病、便秘患者宜食。 无花果含糖量很高，糖尿病患者忌食。

虫草鸭汤

原料

冬虫夏草25克，鸭肉100克，怀山药50克，去核红枣、姜各适量。

做法

❶鸭肉洗净，用开水焯一下，捞出用凉水冲洗。

❷冬虫夏草、怀山药、姜、红枣洗净，将以上原料与鸭肉放锅内，加适量水，大火煮开后，小火煮至鸭肉软熟即可。

功效

理气化痰、润肺止咳、清肺热。

“芝宝贝”养生厨房

虫草水鸭汤

☆冬虫夏草10克，洗净、泡发好备用；红枣20克，洗净；姜去皮切片。

☆锅内加水、姜和料酒，再将水鸭1000克放入焯烫至水开，捞出冲净沥水。

☆将水鸭、冬虫夏草、红枣、姜片放入汤煲里，加水；盖上锅盖中火烧开后，调小火煲1.5小时，再加入适量盐即可。

营养功效

冬虫夏草中的虫草酸和冬虫夏草素可水解为多种氨基酸的粗蛋白，是最具有药用价值的部分。它们有扩张支气管、降血压、抗肿瘤的作用，还可以降低胆固醇及甘油三酯，提高对人体高密度脂蛋白的水平，改善动脉粥样硬化程度。

黄金搭配

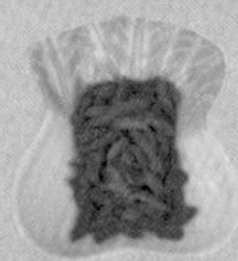

冬虫夏草+枸杞子

清肝明目。

搭配禁忌

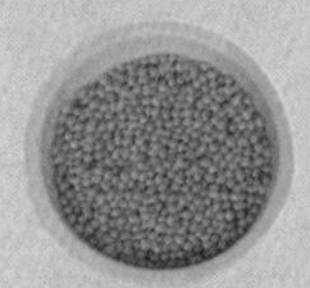

冬虫夏草+绿豆

冬虫夏草性热，而绿豆是凉性补药，二者同食，影响相互间药效。

选购

优质冬虫夏草闻起来有草菇香气，并带点腥味，外表呈土黄色或黄棕色。

如果冬虫夏草闻起来味道不对，或者外表颜色不对，就不要购买。

食法要略

1.冬虫夏草用来煮水当茶喝，而不是用开水泡着喝。

2.冬虫夏草可用来泡药酒。

人群

适宜年老体弱、病后体衰、产后体虚者。

冬虫夏草属于滋补药物，不适宜儿童、孕妇及哺乳期妇女、感冒发热、脑出血、有实热者食用。

鸡肉木瓜白果汤

原料

鸡肉100克，青木瓜半个，白果10克，枸杞子、盐、姜片各适量。

做法

❶将鸡肉斩块、焯水，青木瓜去皮、去籽、切块。

❷将青木瓜、鸡块、白果、枸杞子、姜片、盐一起放入砂锅中，加入水，炖煮3小时后，撇出上层泡沫即可。

功效

镇咳润肺，温中益气。

“芝宝贝”养生厨房

黄豆鸡汤

☆黄豆100克，泡发、洗净；胡萝卜100克，洗净、切块；鸡肉500克，切成小块，焯水后备用。

☆汤锅中加足量水，放入鸡肉、胡萝卜、黄豆大火煮开，撇去泡沫。

☆用小火煮30分钟以上，至黄豆、鸡肉软烂，加入适量盐调味即可。

营养功效

1.鸡肉中含有大量蛋白质和多种氨基酸，易被人体吸收，有增强体力、强壮身体的作用。

2.鸡翅中含有丰富的骨胶原蛋白，具有强化血管、肌肉的作用。

3.鸡肉中含有不饱和脂肪酸，可预防心血管疾病。

4.鸡肉中含有较多的B族维生素，具有消除疲劳的作用。

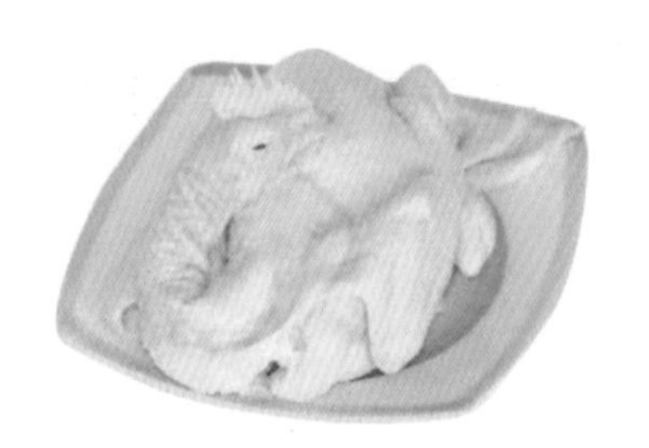

黄金搭配

鸡肉+小米

健脾益胃，可治疗哮喘。

鸡肉+油菜

强化肝脏，美化肌肤。

搭配禁忌

鸡肉+芥末

鸡肉为温补之品，芥末也是热性之物，二者同食易造成上火。

选购	食法要略	人群
优质的鸡肉肉质紧密排列、颜色呈干净的粉红色，有光泽，毛囊突出。 如果鸡肉的肉和皮的表面比较干，或者含水较多、脂肪稀松，则不要购买。	1.鸡肉购买之后要马上放进冰箱里。鸡肉应该煮熟之后保存。 2.冷冻鸡肉有腥味，想要去腥，先将鸡肉解冻，撒上姜末，放生抽腌制20分钟即可。	一般人群均可食用，老人、病人、体弱者更宜食用。 鸡肉性温且胆固醇含量较高，便秘、高血压病、动脉硬化、冠心病、高血脂患者忌食。

笋片鹌鹑汤

原料

笋片100克，鹌鹑200克，北沙参5克，盐、鸡精各适量。

做法

❶将鹌鹑收拾干净，开水去掉血秽，放入砂锅中。

❷加入北沙参、笋片、盐、开水，慢火炖煮至熟。

❸放鸡精调味即可。

功效

补益五脏，养肝清肺。

“芝宝贝”养生厨房

竹笋排骨汤

☆竹笋200克，剥壳、洗净，切滚刀块；小青菜20克，浸泡、洗净。

☆锅加水，放入排骨300克烧开，出现浮沫时关火，撇去浮沫，洗净。

☆将洗净的排骨重新放入锅内，加水烧开，加姜片、竹笋，烧开后转小火焖2小时。

☆加入青菜煲1分钟，加盐、味精调味即可。

营养功效

1.竹笋含有丰富的钾元素，能够调节血压。

2.竹笋有抗氧化特性，对预防癌症、增强免疫系统健康非常有益。

3.竹笋含有一种白色的含氮物质，具有开胃、促进消化、增强食欲的作用。

黄金搭配

竹笋+鲫鱼

开胃，对便秘有辅助治疗作用。

竹笋+木耳

清热泻火。

搭配禁忌

竹笋+油菜

油菜中的维生素C与竹笋中的生物活性物结合，易破坏维生素C。

选购	食法要略	人群
优质竹笋肉质色泽玉白，质密鲜脆。 如果发现竹笋过干，有瘪洞，凹陷，断裂的痕迹，则建议不要购买。	1.竹笋食用前应先用开水焯一下，以去除其中的草酸。 2.竹笋切法有讲究，靠近笋尖的地方宜顺切，下部宜横切，这样烹饪时竹笋既容易烂熟，又可入味。	一般人群均可食用，特别适合肥胖和习惯性便秘者。 竹笋性寒、味甘，溃疡、胃出血、肾炎、肝硬化、肠炎、尿路结石、低钙、骨质疏松、佝偻病等患者不宜多吃。

板栗枸杞子乳鸽汤

原料

板栗50克，乳鸽肉150克，枸杞子、盐、葱、姜、料酒、胡椒粉、鸡精各适量。

做法

❶将乳鸽肉处理干净，剁成块，放水中汆烫备用，板栗去皮。

❷乳鸽肉、板栗、枸杞子放入砂锅中，加入姜、葱、料酒、少许盐用小火煲2小时，出锅前放入鸡精、胡椒粉调味即可。

功效

润肺养肝，益气补肾，养血。

“芝宝贝”养生厨房

板栗母鸡汤

☆母鸡1只洗净，温水中泡30分钟后放入锅内。

☆加水和姜片，大火煮几分钟后，小火煮1小时；栗子约20个洗净切开，放锅内大火煮10分钟，等栗子稍凉之后去壳。

☆将煮好的母鸡肉撕开，放入砂锅中小火煮20分钟。

☆加入栗子继续煮10分钟，关火放入盐，盖盖焖10分钟后即可。

营养功效

1.板栗中富含丰富的不饱和脂肪酸和维生素、矿物质，能防治高血压病、冠心病、动脉硬化、骨质疏松等疾病。

2.板栗含有优质蛋白质，能提供人体的免疫力。

3.板栗含有较多的碳水化合物，具有益气健脾、厚补胃肠的作用。

黄金搭配

板栗+鸡肉

板栗养胃健脾，补肾强筋，鸡肉增强体力，强壮身体，二者同食能增强人体免疫力。

搭配禁忌

板栗+牛肉

板栗中的维生素C易与牛肉中的微量元素发生氧化反应，降低营养，不利于吸收。

选购	食法要略	人群
优质板栗外壳以光泽红润为好，尾部绒毛较多，手感坚硬，闻起来有清香味。 如果发现板栗无光泽或颜色过深，则表明内部已变质，建议不要购买。	1.板栗吃法很多，如炒、做菜、做包子或西点的馅料，还可做成羹。 2.吃板栗应细嚼慢咽，否则容易胀气，难消化。	一般人群均可食用，特别适宜老人肾虚者，小便频多者。 板栗性温、味甘，不易消化，脾胃虚弱者不宜食用。

枸杞子洋参饮

原料

枸杞子15克，西洋参10克。

做法

❶把西洋参洗净，切片；把枸杞子洗净去杂质。

❷将西洋参、枸杞子放入砂锅内，加适量水，中火烧开，再改用小火煎煮10分钟即可。

功效

补肾益气、生津止渴。

“芝宝贝”养生厨房

萝卜枸杞子乌鸡汤

☆姜1块切片，葱少许切断，白萝卜少许切块。

☆乌鸡半只洗净，斩块；准备一锅开水，将乌鸡块放入，焯5分钟后捞起，冲水沥干。

☆将乌鸡块放入砂锅内，加入姜片，葱段，盐，加入开水，煲1小时左右。

☆再放入白萝卜块继续煲30分钟，关火前加入枸杞子少许即可。

营养功效

1.枸杞子含有丰富的胡萝卜素、多种维生素、钙、铁等微量元素，具有明目功效。

2.枸杞子还含有氨基酸、多糖类物质，有增强免疫力、抗衰老、强精补肾的功能。

黄金搭配

枸杞子+菊花

枸杞子养阴补血，益精明目，菊花疏风清热，解毒明目，二者同食明目效果更加显著。

搭配禁忌

枸杞子+绿茶

绿茶中所含鞣酸会吸附枸杞子中的微量元素，生成人体难以吸收的物质。

选购	食法要略	人群
优质枸杞子颜色均匀，呈暗紫红色，没有黑头。 如果枸杞子为鲜红色，说明是染过色或者是打过硫黄，建议不要购买。	1.枸杞子一年四季皆可服用，冬季宜煮粥，夏季宜泡茶。 2.枸杞子既可作为坚果食用，又是一味功效卓著的传统中药材。 3.有酒味的枸杞子已经变质，不可食用。	一般人群均可食用，尤其是肝肾阴虚、癌症、高血压、高血脂、动脉硬化、慢性肝炎、脂肪肝患者。 枸杞子为滋补中药，外邪实热、脾虚有湿、泄泻者忌服。

鸡蛋杜仲艾叶汤

原料

鸡蛋2只，杜仲25克，艾叶20克，生姜丝、盐各适量。

做法

❶鸡蛋去壳，拂成蛋浆，加入已洗净的生姜丝，放入油锅内煎成蛋块；杜仲、艾叶分别用水洗净。

❷放入煲内，加入适量水，大火煲至滚，后改用中火继续煲2小时，盐调味即可。

功效

主腰脊疼痛，补益肾中精气。

“芝宝贝”养生厨房

番茄鸡蛋汤

☆番茄200克，洗净、切块；葱、姜、蒜切碎；鸡蛋1枚磕到碗里，把鸡蛋搅拌均匀。

☆锅内放油，六成热时放入葱、姜、蒜翻炒，再放入番茄翻炒。

☆放少许凉水和盐，开锅后倒入鸡蛋液，放入鸡精和麻油，翻炒均匀即可。

营养功效

1.鸡蛋黄中含有丰富的卵磷脂、蛋黄素以及钙、磷、铁、维生素A、维生素D及B族维生素，对健脑有益。

2.鸡蛋含有丰富的蛋白质、脂肪，对肝脏组织损伤有修复作用。

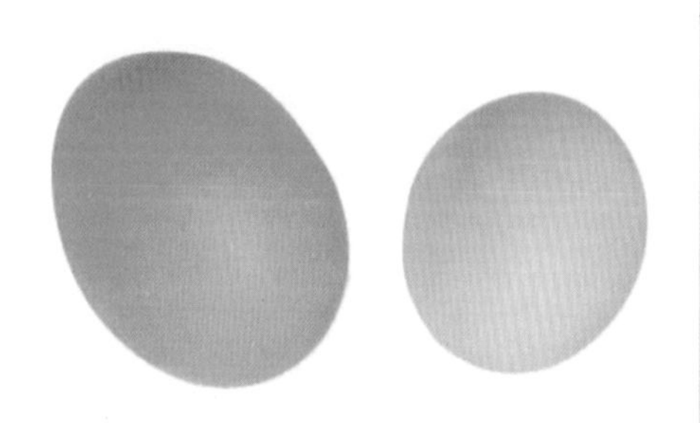

黄金搭配

鸡蛋+大枣

配益气血，补虚劳。

鸡蛋+百合

滋阴润燥，清心安神。

搭配禁忌

鸡蛋+豆浆

鸡蛋中的蛋白质与豆浆中的胰蛋白酶结合，会产生一种不能被人体吸收的物质，影响消化吸收。

选购	食法要略	人群
优质的鸡蛋蛋壳完整，没有光泽，表面会有一层白色的粉末，用手摸蛋壳有一种粗糙感觉。 如果用手摇晃鸡蛋，发现鸡蛋内部有声音，则是坏蛋。	1.鸡蛋吃法很多，可炒、煮、煎、蒸或制作糕点。 2.鸡蛋无论煮、炒、煎、蒸都不要做老，以免损失营养成分和影响口感。	一般人群均可食用，尤其适宜发育期的婴幼儿。 鸡蛋中含有蛋白质，高热、腹泻、肝炎、肾炎、胆囊炎患者少食，或疾病期忌食。

桂花莲子银耳汤

原料

桂花15克，莲子15颗，银耳（水发）30克，冰糖适量。

做法

❶将莲子用冷水泡胀，去芯、蒸熟。

❷银耳洗净、蒸熟，锅中加水，放冰糖、桂花烧开成汁。

❸将莲子、银耳放入汤碗中，把汁倒入碗中即可。

功效

补肾固涩，除烦止渴。

“芝宝贝”养生厨房

桂花酸梅汤

☆乌梅50克、山楂25克，洗净，放碗中用水泡30分钟。

☆在砂锅中倒水，放入泡好的乌梅和山楂，大火煮开后转小火煮30分钟。

☆最后倒入桂花5克和冰糖10克，5分钟后关火即可。

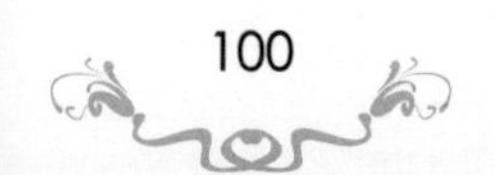

营养功效

桂花性温，味辛，以花、果实及根入药，具有散寒破结，化痰止咳的功效。用于牙痛，咳喘痰多，经闭腹痛等病症的治疗。

黄金搭配

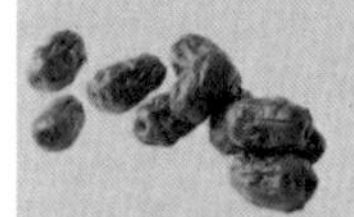

桂花+玫瑰花

补血、调理经期、养颜。

桂花+紫罗兰+玉蝴蝶+胖大海

清肺润肺、止咳。

搭配禁忌

一般没有特别的搭配禁忌。

选购

优质的桂花，颜色微黄，香味浓厚，没有其他刺鼻的异味。

如果发现桂花颜色过于发黄，香味过于浓烈，甚至出现其他不正常的异味，则不要购买。

食法要略

桂花属于中药的一种，不仅可以入药食用，也可以泡水喝。

人群

适宜口臭、牙痛者，慢性支气管炎患者。

桂花辛温，体质偏热，火热内盛者慎食。

孙教授为您讲解

五脏六腑养生法

我们的人体是一个平衡而和谐的系统，五脏六腑又各司其职，相互之间既照应又牵制。为此，在我国古老医书中，五脏六腑被看成是人身之宝，它们定寿命、决健康、泽精气，是人体养生的根本所在。

心	“心与夏气相通应”，心的阳气在夏季最为旺盛，所以夏季更要注意心脏的养生保健。日常生活中要戒烟酒，不饮浓茶，保证睡眠充足，不要过劳或过逸，根据自己机体的状况选择合适的运动来锻炼身体。
肝	主要生理功能是主疏泄，包括调畅气机和情志等功能，情志的失常会影响肝的正常生理功能，所以，在日常生活中注意调节情志、保持心情舒畅，对肝脏养生保健最为重要。
脾胃	主要功能是对食物的消化吸收，保证水谷精微（营养物质）对机体的营养和濡润。所以，日常生活中的脾胃养生保健方法最重要的是注意饮食的调养。
肾	现实生活中肾虚的人很多，可以常吃一些补肾食品。这类食品是针对肾虚所致的腰膝酸软、阳痿、遗精、排尿异常等症，还可以根据个人饮食爱好选用合适的品种及烹调方式。
肺	“形寒饮冷则伤肺”。如果我们没有适当保暖、避风寒，或者经常吃喝冰冷食物，则容易损伤肺部功能而出现疾病。因此饮食养肺应多吃玉米、黄豆、黑豆、冬瓜、番茄、藕、甘薯等，但要按个人体质、肠胃功能酌量选用。

第4章

美丽女人的汤补“密码”

女人保健养生的关键就是补血。因为特殊的生理原因，比如，月经、妊娠、分娩等，女性常常会出现气血不足，因此女性要常吃补血食物。紫葡萄干、桑葚干、黑枣、桂圆等干品都是不错的补血良药。

杏水饮

原料

杏6枚，冰糖适量。

做法

1. 杏洗净，放入锅中。
2. 水煎熟放入冰糖溶化即可。

功效

润肠通便，生津止渴，美白养颜。

“芝宝贝”养生厨房

杏酱

☆杏500克，洗净、晾干，去核、挖出果肉，放白糖200克、冰糖100克腌制1小时左右。

☆腌制后的果肉用勺打碎。

☆大火煮开立即转小火慢熬，不停搅拌，放麦芽糖，熬至浓稠成酱即可。

营养功效

1.杏中富含大量的维生素B_{17}，是极有效的抗癌物质。

2.杏中含有丰富的锌元素，能增强记忆。

3.杏富含丰富的钾元素，可以有效调节人体血压。

黄金搭配

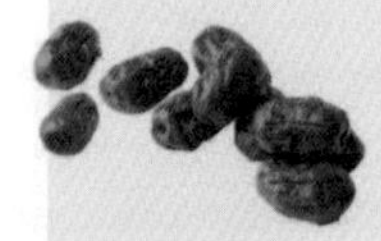

杏+大枣

对肺寒咳嗽、痰多有辅助治疗的作用。

杏+猪肺

益气润肺。

搭配禁忌

杏+菱角

二者同食不利于蛋白质的吸收。

选购

优质的杏以果个大、色泽漂亮、味甜汁多、纤维少、核小、有香味、表面光滑为佳。

如果发现杏皮色黄泛红、肉质酥软、缺少水分，建议不要购买。

食法要略

1.杏可直接吃，也可制成杏脯、杏干、罐头等。

2.未成熟的杏不可以吃。

3.苦杏仁有毒，吃时需用水浸泡后再煮才能食用，而且不能多吃。

人群

一般人群均可食用，特别适合有呼吸系统疾病、癌症、术后放化疗患者。

杏易激增胃酸，产妇、幼儿、痛风合并糖尿病患者不宜食用。

鸽肉银耳汤

原料

鸽肉150克，银耳（水发）20克，盐适量。

做法

1. 鸽肉、银耳洗净。
2. 鸽肉切块放入砂锅内，煮开撇去浮沫。
3. 放入银耳，小火炖煮至熟，加盐调味即可。

功效

益气血，补脾胃，强筋骨，除湿气。

"芝宝贝"养生厨房

绿豆莲子鸽子汤

☆将洗净的绿豆60克、莲子50克、鸽子1只放入汤煲里，倒入适量水。

☆微开时用勺子捞去表面的浮沫。

☆盖上盖，调小火煲50分钟后，打开盖放入洗净的枸杞子约20粒。

☆再煮5分钟，撒入少许盐即可。

营养功效

1.鸽肉含有胆素、软骨素等成分，有利于人体调节胆固醇含量，防止动脉硬化，改善肌肤细胞活力，增加皮肤弹性，养颜美容，使皮肤洁白细嫩。

2.鸽肉中含有较多的精氨酸和支链氨基酸等营养元素，具有加快身体创伤愈合、促进体内蛋白质合成的功效。

黄金搭配

鸽肉+山药+板栗

补肝益肾，健脾止泻。

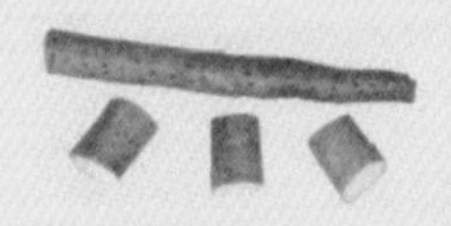

鸽肉+香菇+笋片

补肾滋阴，益气补中。

搭配禁忌

一般没有搭配禁忌。

选购	食法要略	人群
✔ 优质鸽肉有弹性，经指压后凹陷部位立即恢复原位，表皮和肌肉切面有光泽为佳。 ✖ 如果发现鸽肉皮肤有充血痕迹，肉质没有弹性、不光泽，建议不要购买。	鸽肉可炖、炒、烤、清蒸等。以清蒸最好。	✔ 适宜体虚、头晕、头发早白、记忆力减弱者，贫血、高血压患者。 ✖ 鸽肉汤嘌呤含量高，痛风患者不要喝汤；孕妇慎食。

苋菜蛋汤

原料

苋菜150克，鸡蛋1个，盐、芝麻油、葱丝各适量。

做法

1. 鸡蛋磕入碗中搅散，苋菜取嫩尖洗净。
2. 锅内加水适量，放入苋菜烧开。
3. 将鸡蛋液缓缓倒入，放盐、芝麻油、葱丝再烧开后即可。

功效

补血止血。

"芝宝贝"养生厨房

苋菜豆腐汤

☆苋菜50克洗净、去头，切成细末备用；豆腐120克洗净、切块。

☆锅中放水，倒入豆腐，水开后烧4分钟，然后倒入苋菜末，烧1分钟。

☆放入适量盐、鸡精，再淋点麻油即可。

营养功效

1.苋菜含有微量元素镁，可促进胰岛素作用的正常发挥，具有降低血糖、血压，预防心脏病的作用。

2.苋菜含有微量元素钙，能维持心肌的正常活动，预防肌肉痉挛。

3.苋菜含有微量元素铁，能促进造血功能，增加血红蛋白含量。

黄金搭配

苋菜+鸡蛋

增强免疫力。

苋菜+猪肝

补血，增强免疫力。

搭配禁忌

苋菜+甲鱼

二者同食难以消化，可能会引起肠胃积滞。

选购	食法要略	人群
优质苋菜的颜色紫红泛绿。 如果发现苋菜的颜色暗紫、发蔫，说明时间较长，建议不要购买。	苋菜凉拌或炒着吃都可以，烹调时间不宜过长。	一般人群均可食用。 苋菜性寒凉，脾胃虚弱、大便稀溏者少食。

蕨菜木耳瘦肉汤

原料

蕨菜20克，木耳（水发）30克，猪肉100克，植物油、盐、葱丝、姜丝、淀粉、料酒、生抽、鸡精各适量。

做法

❶将猪肉切丝，用淀粉、料酒、生抽腌制20分钟，放油锅滑散。

❷锅中留油，炝葱丝、姜丝，放猪肉丝、蕨菜、木耳、盐、水，熬煮20分钟，放鸡精调味即可。

功效

生津润燥，滑肠通便。

"芝宝贝"养生厨房

火腿上汤野蕨菜

☆野蕨菜干80克，冷水泡开、清洗；火腿100克，切片；皮蛋1个，去壳切块。

☆热油锅，放姜蒜爆炒，放入火腿和皮蛋微煎。

☆加开水大火煮开几分钟，放野蕨菜干煮开，转小火再煮约15分钟。

☆出锅前放入香菜或葱花即可。

营养功效

1.蕨菜含有蕨菜素，具有良好的清热解毒、杀菌功效。

2.蕨菜富含钾元素，具有清热、健胃、降气、祛风、化痰等功效。

3.蕨菜所含粗纤维能促进胃肠蠕动，具有下气通便的作用。

黄金搭配

✔ 蕨菜+豆腐干

滋阴润燥，和胃补肾。

搭配禁忌

✖ 蕨菜+黄豆

蕨菜中的维生素B_1分解酶会破坏黄豆中的维生素B_1，降低营养价值。

选购	食法要略	人群
✔ 优质蕨菜叶子呈卷曲状，茎干细绿色。 ✖ 如果发现蕨菜叶子舒展开，说明已经老了，建议不要购买。	1.蕨菜既可鲜食，又可腌制食用。 2.食用蕨菜前应在开水中浸烫一下，然后用凉水过凉后再进行烹制，这样可去除黏质和土腥味。	✔ 一般人群均可食用，尤适宜湿疹肠风热毒者。 ✖ 蕨菜性味寒凉，大便溏稀、脾胃虚寒者不宜多吃。

地黄冬瓜排骨汤

原料

地黄20克，冬瓜200克，排骨1000克，料酒、姜片、盐、鸡精各适量。

做法

❶将排骨洗净、焯水、捞出。

❷砂锅中加水，放入排骨、料酒、姜片，炖煮至将熟。

❸放入冬瓜、地黄、盐，炖煮至熟，加鸡精调味即可。

功效

降糖，降压，清热凉血，养阴生津。

“芝宝贝”养生厨房

鳖肉滋阴汤

☆鳖肉800克，清理好后放入热水中浸泡、斩块，再放入清水锅烧开。

☆加入鸡汤、料酒、盐、白糖、葱、姜各适量，用大火烧开后，改用小火炖至六成熟。

☆加入装有生地黄25克、百部10克、地骨皮15克、知母10克的纱布袋，炖至鳖肉熟烂，淋上猪油即可。

营养功效

地黄具有清热凉血、养阴生津、补血滋阴、补精益髓等功效。适用于眩晕、心悸、失眠、月经不调、崩漏、盗汗、遗精、消渴、眩晕、耳鸣、须发早白等疾病的治疗。

黄金搭配

地黄+当归

补血。

地黄+山药

滋阴。

搭配禁忌

地黄+萝卜

地黄补气，萝卜行气，二者同食影响药效。

选购	食法要略	人群
优质的生地黄，呈纺锤形或圆柱形条状，外皮薄，表面浅红黄色，具弯曲的纵皱纹。 如果发现生地黄外皮较厚，表面颜色发红，建议不要购买。	1.熟地黄是由生地黄加黄酒搅拌，蒸至内外色黑、油润而成，或直接蒸至黑润而成。 2.服用时要将其切成厚片。	适宜潮热盗汗、五心烦热、舌燥咽干患者。 地黄性寒凉，脾胃虚寒、大便稀溏者不宜服食。

生菜鱼肉丸子汤

原料

生菜200克，鱼肉丸子150克，盐、鸡精各适量。

做法

❶将鱼肉丸子放入开水锅中煮至浮起。

❷放入生菜，烧开后放入盐、鸡精，调味即可。

功效

降脂，降糖，抗癌，延缓衰老。

“芝宝贝”养生厨房

生菜豆腐汤

☆豆腐400克、番茄1个，洗净、切块，生菜200克，洗净、去梗。

☆锅中倒水，放入豆腐和番茄烧开，放入适量小虾，再放入适量粉丝。

☆待粉丝煮软后，加入生菜叶，倒入香油。

☆待生菜叶煮软，稍微变色，关火即可。

营养功效

1.生菜含有抗氧化物、β胡萝卜素及多种维生素，有明目、延缓细胞老化的作用，可调节人体的功能。

2.生菜中含有膳食纤维和维生素C，有消除多余脂肪、减肥的功效。

3.生菜中含有甘露醇等有效成分，可清除血液中的垃圾，具有血液消毒、促进血液循环、利尿作用。

黄金搭配

✔ 生菜+大蒜

清内热、降压、降脂。

✔ 生菜+豆腐

滋阴补肾，护肤减肥。

搭配禁忌

一般没有特别的搭配禁忌。

选购

✔ 优质生菜呈浅绿色，水分多。

✘ 如果发现生菜颜色发黑，缺少水分，或者叶子腐烂，不要购买。

食法要略

1.生菜凉拌、炒、做汤均可。

2.吃生菜时一定要洗净，可用淡盐水浸泡20分钟，彻底清除农药残留。

3.不要将生菜与苹果、梨、香蕉放一起，以免诱发赤褐斑点。

人群

✔ 一般人群均可食用，尤其适宜失眠、胆固醇高、神经衰弱者。

✘ 生菜性凉，胃病、腹泻及消化能力弱者不宜食用。

香菇冬瓜汤

原料

鲜香菇50克，冬瓜200克，植物油、盐、葱丝、姜丝、蚝油、鸡精各适量。

做法

1. 冬瓜去皮切小块，香菇切块。
2. 锅中放植物油烧热，炝葱丝、姜丝，放入冬瓜、香菇煸炒几分钟，加水熬煮至熟。放蚝油、盐、鸡精调味即可。

功效

清热凉血、解毒通便、利尿，脂肪含量低，有显著的减肥疗效。

“芝宝贝”养生厨房

香菇青菜汤

☆虾皮20克，泡好；香菇4朵，洗净、切片；青菜4棵，洗净，备用。

☆锅中放油，放入香菇片翻炒。

☆再倒入适量水，放入青菜，最后放入虾皮。

☆临出锅时，放盐调味即可。

营养功效

1.香菇中含有丰富的膳食纤维，可以促进肠胃的蠕动，预防便秘，减肥瘦身。

2.香菇中含有香菇多糖，具有抗癌和保护肝脏的作用。

3.香菇中含有生物碱香菇嘌呤，具有降低胆固醇的作用，能有效地预防动脉血管硬化。

黄金搭配

香菇+木瓜

具有降压减脂的作用。

香菇+豆腐

健脾养胃，增加食欲。

搭配禁忌

香菇+凉水

香菇含有核酸分解酶，只有热水才能让其释放，凉水会大大降低香菇的鲜味。

选购	食法要略	人群
优质的鲜香菇以菇形圆整，菌盖下卷，菌肉肥厚、厚薄一致，菌褶白色整齐为佳。 如果是用水润湿而发黑的或者过干的，用手一摁就破碎的香菇，建议不要购买。	1.特别大的香菇不要食用，很可能是激素催肥的，不利于人体健康。 2.泡发好的香菇如果吃不完，应放在冰箱中冷藏，这样才不会损失营养。	一般人群均可食用。 香菇性凉，脾胃寒湿、气滞或皮肤瘙痒病患者忌食。

腊肉竹笋汤

原料

腊肉80克，竹笋40克，五花肉60克，植物油、盐、葱丝、鸡精各适量。

做法

❶腊肉切片，竹笋切块。

❷将五花肉煸炒香，加水炖30分钟后。放入腊肉、笋块烧沸，煲20分钟，放入葱丝、鸡精、盐即可。

功效

补肾养血，滋阴润燥，促进肠胃蠕动，帮助消化，健美减肥。

“芝宝贝”养生厨房

暖身腊肉汤

☆腊肉100克，洗净、切片；锅中放油，加入葱末，姜片各少许爆香，再放腊肉煸炒。

☆加适量水煮开，倒入腊肉片，再加入切滚刀块的胡萝卜1根和小白菜2棵。

☆小白菜煮软后，放入少许胡椒粉、盐起锅即可。

营养功效

腊肉含磷、钾、钠等丰富的微量元素，还含有脂肪、蛋白质、碳水化合物等，具有减肥，补益的功效。

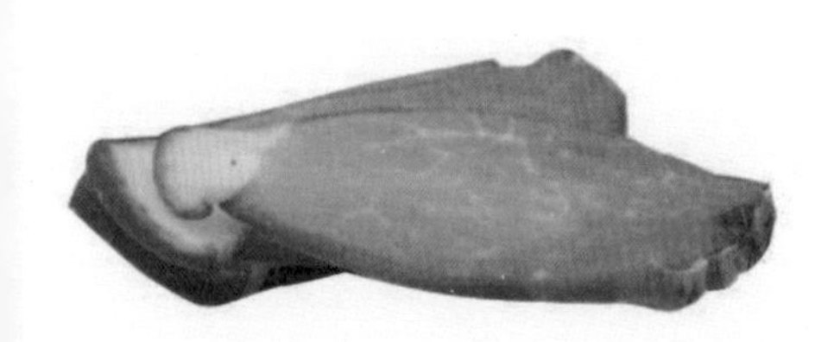

黄金搭配

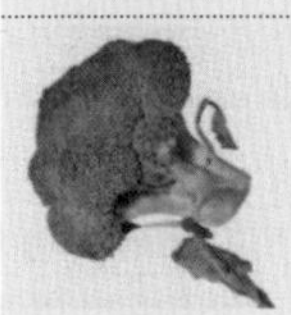

✔ 腊肉+西蓝花

减少致癌物的生成。

搭配禁忌

✖ 腊肉+酸奶

腊肉中含有亚硝酸，会与酸奶中的胺形成亚硝胺，是致癌物质。

选购	食法要略	人群
✔ 优质腊肉外表干燥，没有发霉的现象。切面肌肉是鲜红色或红棕色。 ✖ 如果发现腊肉外表湿润，严重发霉，肌肉松软，呈暗黑色，有严重的酸败味,不要购买。	吃腊肉时可以将腊肉先煮后蒸，让水分缓慢渗入腊肉组织中。这样一方面可以让干瘪的腊肉滋润起来，另一方面还可以去除腊肉上过多的盐分。与此同时，可以避免摄入腊肉当中的有害物质——亚硝酸盐，吃起来也更安全。	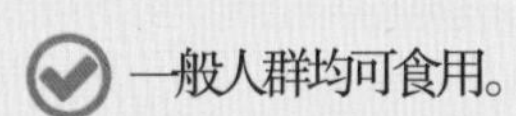 ✔ 一般人群均可食用。 ✖ 腊肉含脂肪、盐分较高，老年人、胃和十二指肠溃疡患者禁食。

孙教授为您讲解

女人保健养生原则

女人保健养生的关键就是补血。因为特殊的生理原因，比如，月经、妊娠、分娩等，女性常常会出现气血不足，因此女性要常吃补血食物。紫葡萄干、桑葚干、黑枣、桂圆等干品都是不错的补血良药。

紫葡萄	很好的补血水果。将葡萄晒制成干后，每100克含铁量在9.1毫克，而且葡萄在晒制过程中，最大限度地保留了葡萄皮，也有利于葡萄干中一些稳定营养素的保留，如铁、锌、锰、蛋白质、抗氧化物质等。
桑葚干	是目前水果及其制品中含天然铁最丰富的，每100克含铁42.5毫克，有“补血果”的美誉。一般建议将桑葚干煮粥吃，每日食用一碗桑葚粥不但可以补血，还可以美容。孕妇慎用。
黑枣	含有丰富的维生素C，维生素C是促进铁离子吸收的重要因子，让机体对铁的吸收事半功倍。但黑枣中含有丰富的膳食纤维，不利于消化，所以每日不宜多食，而且最好是煲汤、煮粥食用。
桂圆	每100克含铁量大约是3.9毫克，在水果中其含铁量也是相当丰富的，可用于贫血的食疗中，一般煲汤、煮粥为宜。桂圆肉属于温热食物，孕妇、儿童不适合食用。

第5章

强壮男人的汤补“密码”

男性保健养生的关键就是益气固精。对于男人来说，肾的健康是非常重要的，对于男性身体以及心理有着很大的影响，我们完全可以通过饮食的方式来达到养肾效果。

海参木耳排骨汤

原料

海参（水发）150克，木耳（水发）30克，排骨200克，盐、葱段、姜片、料酒各适量。

做法

❶将木耳、海参洗净，海参切成薄片、排骨斩段。

❷将海参、木耳、排骨放入砂锅中，加水炖煮50分钟左右。放盐、料酒、姜片、葱段，再煮10分钟即可。

功效

除湿壮阳、补肾益精。

“芝宝贝”养生厨房

海参龙骨汤

☆汤锅烧水，焯洗猪龙骨4段；加姜片，放入焯洗好的猪龙骨。

☆大火煮开转小火煲1.5小时。

☆海参3个泡发好，清洗干净，放入煲好的龙骨汤中。

☆再加入适量银耳，大火煮开后，转小火煲1小时，放入少许盐、葱段即可。

营养功效

1.海参含胆固醇、脂肪相对少，对高血压病、冠心病、肝炎等患者及老年人堪称食疗佳品。

2.海参含有硫酸软骨素，能够延缓肌肉衰老，增强机体的免疫力。

3.海参含有钒元素，能够增强造血功能。

黄金搭配

✔ 海参+火腿

壮阳益精、补肾健脾。

✔ 海参+蚕豆

益气健脾。

搭配禁忌

✖ 海参+醋

酸性环境会让海参中的蛋白质分子出现不同程度的凝结和收缩，影响海参口感。

选购	食法要略	人群
✔ 优质海参形体完整，整齐，腹中无砂。 ✖ 如果发现海参形体歪曲、干瘪，说明海参捕捞后没有马上加工干燥，建议不要购买。	1.买回泡发好的海参，一定要反复清洗干净，以免残留化学成分危害健康。 2.泡发海参切莫沾染油脂、碱、盐，否则会妨碍海参吸水膨胀，降低出品率，甚至会使海参溶化，腐烂变质。	✔ 一般人群均可食用，特别适宜高血压、冠心病、肝炎、肾炎、糖尿病患者。 ✖ 海参性滑利，脾胃虚弱、大便稀溏、痰多者忌食。

黄精脊骨汤

原料

黄精20克，猪脊骨200克，枸杞子、盐各适量。

做法

❶将猪脊骨、黄精和枸杞子洗净，猪脊骨切块，黄精切段。

❷将猪脊骨、黄精和枸杞子入锅，大火烧开后改小火炖煮1小时，放盐调味即可。

功效

养阴润肺，滋润骨骼，适用于肾精不足导致的性功能减退。

“芝宝贝”养生厨房

黄精老火汤

☆羊尾骨500克沥干，斩件，将骨块、肉块与姜2片一起放油锅炒干，倒入适量料酒、豉油炒一下。

☆锅中放入适量水，放少许糖，等到水开后，撇去浮沫，放入砂锅。

☆放入适量黄精、枸杞子，用小火煲至肉熟烂即可。

营养功效

黄精以根茎入药，具有补气养阴、健脾、润肺、益肾等功能。用于治疗脾胃虚弱，体倦乏力、口干食少、肺虚燥咳、精血不足、内热消渴等症。

黄金搭配

黄精+沙参

滋肾润肺，可用于治疗阴虚肺燥之咳嗽。

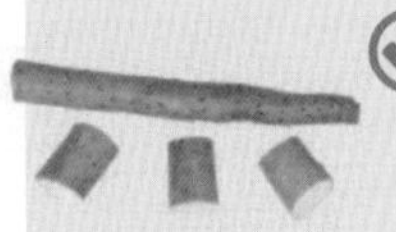

黄精+山药

既补脾阴，又益脾气。

搭配禁忌

一般没有特别的搭配禁忌。

选购	食法要略	人群
优质黄精以鸡头黄精最好，滋补力强，而有香气，块大肥润、色黄、断面呈角质透明。 如果发现黄精香气不浓，颜色不正，则建议不要购买。	1.黄精既可用水煎服，也可与药物、食物搭配做成药膳食用。 2.取黄精，水洗干净，用黄酒拌匀，装入容器内，密闭，锅中坐水，隔水炖到酒吸尽，取出切段，晾干。	适宜脾胃虚弱，体倦乏力，口干食少，肺虚燥咳，精血不足，内热消渴者。 黄精为滋补中药，中寒泄泻、痰湿痞满气滞者忌服。

牛肉枸杞子汤

原料

牛肉500克，土豆3个，胡萝卜2个，葱头4个，番茄汁、枸杞子、油、味精、盐各适量。

做法

❶将牛肉洗净，切小片，胡萝卜洗净切片，葱头切片；土豆去皮切小块。

❷锅内放油，牛肉煸至变色，放葱头片、土豆、番茄汁和枸杞子，加水，大火煮开后小火炖约2小时，放盐、味精调味即可。

功效

补脾胃、益肾气、强筋骨。

“芝宝贝”养生厨房

牛肉山药汤

☆牛肉400克洗净，山药2块、姜1块去皮，山药切块，牛肉切块并用水焯一下。

☆锅内热油，葱姜爆香，放入牛肉翻炒。加入开水，大火烧开转中小火炖20分钟。

☆加入山药、红枣2颗、黄芪3片继续煮20分钟，出锅前5分钟放入盐调味即可。

营养功效

1.牛肉含丰富的钾元素，能够促进肌肉生长。

2.牛肉中含有优质蛋白质，能增长体力，补充元气。

3.牛肉中含有多种维生素，能够促进蛋白质的新陈代谢合成，增强免疫力。

黄金搭配

牛肉+蚕豆

清热利湿，益气强筋。

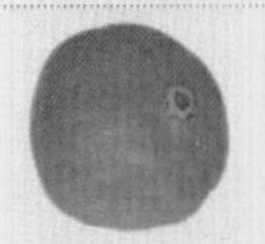

牛肉+南瓜

健胃益气。

搭配禁忌

牛肉+白酒

牛肉性温，补气助火，白酒也是大温之品，二者同食容易上火。

选购	食法要略	人群
✔ 优质牛肉有光泽感、红色均匀、肉不黏手，而且弹性好。 ✘ 如果发现牛肉外表黏手，或者用手按一下，不能很快恢复，建议不要购买。	牛肉清炖时，营养成分保存的较为完好。清炖牛肉时最好把水一次性加好，即使中间需要添水也要添加开水，如果加入凉水，肉质就会僵硬，既不容易炖熟，又会影响口感。	✔ 适宜术后、贫血、血虚、消化能力弱者，青少年。 ✘ 牛肉性温，为发物，高血脂、湿疹、肝病、肾病、痛风病患者不宜多食。

花生杜仲牛尾汤

原料

炒熟的花生150克，牛尾半根，杜仲、盐、葱段、姜片、料酒、香菜末各适量。

做法

❶牛尾洗净、切段，用加了料酒、姜片的水浸泡30分钟，花生洗净。

❷杜仲洗净与姜片、葱段放入水中，放入牛尾和花生，大火烧开，撇去浮沫；小火慢煲3～4小时。

❸最后加盐、香菜末调味即可。

功效

主腰脊痛，补足肾精气。

“芝宝贝”养生厨房

花生酱

☆花生150克铺在干净的烤盘上，烤箱130度预热，烤20分钟左右。

☆把烤好的花生取出，放凉去皮。

☆把适量的花生加入搅拌机，加入适量白糖和盐搅拌。

☆搅拌好的花生倒出，加入少许的熟油，慢慢搅拌均匀即可。

营养功效

1.花生内含丰富的脂肪、蛋白质和微量元素，能促进脑细胞发育，增强记忆的功能。

2.花生富含维生素E、叶酸以及锌、钙、磷、铁等微量元素，对延缓衰老有特殊作用。

3.花生的内皮含有抗纤维蛋白溶解酶，可防治各种出血。

黄金搭配

花生+红酒

预防脑血栓。

花生+啤酒

健脾、益智。

搭配禁忌

花生+黄瓜

黄瓜性凉，花生多油脂，性凉之物与油脂相遇会增加其滑利之性，容易引起腹泻。

选购	食法要略	人群
优质花生果仁呈深红色，色泽分布均匀一致；颗粒饱满、形态完整、大小均匀，具有清香气味。 如果发现花生变软、色泽变暗，说明花生已变质，则建议不要购买。	1.花生可炒、油炸，做成花生酱或花生油，也可做成馅料、菜肴或粥等。 2.花生煮着吃最好。 3.吃花生时应连红衣一块食用。	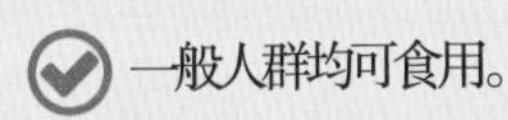 一般人群均可食用。 花生脂肪含量较高，油脂较多，甲状腺功能亢进、胆囊切除、血栓、胃肠虚弱、发热、跌打瘀肿患者不宜食用。

陈皮车前子瘦肉汤

原料

陈皮15克、车前子30克、通草10克，绿豆50克，猪瘦肉400克，姜适量。

做法

❶车前子洗净，绿豆浸泡；把车前子、陈皮、通草包裹后，一起下瓦煲，加入适量水，滚开1小时后，去药包留汤汁。

❷加入绿豆、猪瘦肉和姜滚开1小时，调入适量盐即可。

功效

治疗前列腺炎。

“芝宝贝”养生厨房

陈皮玫瑰饮料

☆陈皮5克、玫瑰5克加入开水冲泡。

☆放入适量冰糖拌匀即可。

☆建议女性朋友在月经前15天饮用此茶。

营养功效

陈皮，性味苦、辛，温；归肺经、脾经；理气健脾，燥湿化痰。用于胸脘胀满，食少吐泻，咳嗽痰多。

黄金搭配

陈皮+红枣

理气健脾，燥湿化痰。

陈皮+梨

清热解毒。

搭配禁忌

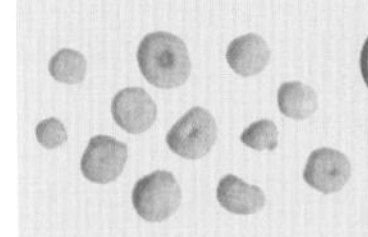

陈皮+半夏

二者都为性温助火之药，同食易造成上火。

选购	食法要略	人群
优质陈皮手感硬，容易断裂，口味甘、醇、香。 劣质陈皮手感较软，不容易断裂，口味苦、酸、涩。	1.一般来说，陈皮都是用来泡水喝，除此之外，还可以做成菜肴。 2.陈皮可加入保健食品中，制成口服液、片剂等。	适宜脾胃气滞、脘腹胀满、消化不良、食欲不振、咳嗽多痰者。 陈皮性温，阴津亏损、内有实热者及儿童慎食。

田螺红枣车前子汤

原料

田螺（连壳）1000克，车前子30克，红枣10个。

做法

❶先用水静养田螺1～2天，经常换水以漂去污泥，斩去田螺尾部；红枣（去核）洗净。

❷用纱布另包车前子，与红枣、田螺一起放入锅内，加适量水，大火煮开后小火煲2小时即可。

功效

利水通淋，清热祛湿。

“芝宝贝”养生厨房

田螺石橄榄汤

☆鸡肉500克跺块，石橄榄100克洗净，田螺200克提前用水泡2小时以上。

☆鸡肉放入砂锅，再放入石橄榄、田螺，加适量水，加盖煲1小时左右。

☆放入适量盐、鸡精调味即可。

营养功效

1.田螺富含蛋白质，具有维持钾钠平衡，消除水肿，提高免疫力的作用。

2.田螺富含丰富的钙元素，有利于人体骨骼的发育。

3.田螺富含铜元素，对中枢神经和免疫系统，头发、皮肤以及肝、心等内脏的发育有促进作用。

黄金搭配

田螺+糯米

清热解毒，消渴。

搭配禁忌

田螺+木耳

田螺性寒，木耳滑利，二者同食不利于消化。

选购	食法要略	人群
优质田螺个大、体圆、壳薄，掩片完整收缩，螺壳呈淡青色，壳无破损，无肉溢出。 如果发现田螺壳有破损，或者有肉溢出，则不建议购买。	在食用田螺的时候，应烧煮10分钟以上，以防止病菌和寄生虫感染，只有充分煮熟的田螺才能食用，但是也不宜频繁食用。	一般人群均可食用，尤适宜黄疸、水肿、小便不通、痔疮便血、脚气、消渴、风热目赤肿痛患者，醉酒者。 田螺性寒，凡属于脾胃虚寒、便溏腹泻、胃寒病患者及产妇禁食。

孙教授为您讲解

男人保健养生原则

男性保健养生的关键就是益气固精。对于男人来说，肾的健康是非常重要的，对于男性身体以及心理有着很大的影响，我们完全可以通过饮食的方式来达到养肾这一效果。

羊肉	冬季的进补佳品。将羊肉煮熟，吃肉喝汤，可治男子五劳七伤及肾虚阳痿等，并有温中去寒、温补气血等功效。
韭菜	又叫起阳草、懒人菜、长生韭、扁菜等。韭菜除含有较多的纤维素，除能增加胃肠蠕动外，它还是一味传统的中药，《本草拾遗》中写道："韭菜温中下气，补虚，调和脏腑，令人能食，益阳。"
枸杞子	含有胡萝卜素、维生素B_1、维生素B_2、烟酸、维生素C、维生素E、多种游离氨基酸、亚油酸、甜芋碱、铁、钾、锌、钙、磷等成分，是提高男女性功能的健康良药。
虾	其味甘、咸，性温，有壮阳益肾、补精的功效。凡久病体虚、气短乏力、不思饮食者，都可将其作为滋补食品。人常食虾，有强身壮体的效果。
鸽肉	含有丰富的蛋白质、维生素和铁等成分，具有补益肾气、强壮性功能的作用。
蜂蜜	天然蜂蜜中含有大量的植物雄性生殖细胞——花粉，其中含有一种内分泌素，和人体垂体激素相仿，有明显活跃性腺的生物活性。

精彩阅读 尽在芝宝贝

《怎样吃能控制糖尿病》

正确认识糖尿病及其危害，掌握“总量控制、平衡膳食”的饮食原则，走出糖尿病饮食误区。

正确掌握食物升糖指数，学会通过计算每天所需热量合理分配三餐，控制饮食，控制血糖。

通过133种常见食材，了解糖尿病患者可以吃什么，可以吃多少，怎样吃合适。

《怎样吃能控制痛风》

了解痛风的分类、发病原因及症状表现。了解痛风与饮食的关系，掌握痛风患者的饮食原则，按照自己的需求科学定制配餐方案，走出痛风的饮食误区。

通过149种常见食材，了解痛风患者可以吃什么，可以吃多少，怎样吃合适。

《怎样吃能控制“三高”》

正确认识“三高”及其危害，了解高血压病、高脂血症和糖尿病之间的相互关系。

掌握“三高”的营养调理原则，合理搭配饮食，走出“三高”的饮食误区。

通过156种常见食材，了解“三高”患者可以吃什么，可以吃多少，怎样吃合适。